蔡澜品味 2

CAILANPINWEI

蔡澜叹名菜 》

粤港澳美食地图

蔡澜◎著

广东旅游出版社

图书在版编目(CIP)数据

蔡澜叹名菜：粤港澳美食地图 / 蔡澜著. -- 广州 :广东旅游出版社，2014.01
（蔡澜品味 ; 2)

ISBN 978-7-80766-544-1

Ⅰ. ①蔡… Ⅱ. ①蔡… Ⅲ. ①饮食－文化－中国 Ⅳ. ①TS971

中国版本图书馆CIP数据核字(2013)第279411号

策划编辑：张晶晶
责任编辑：张晶晶
装帧设计：邓传志
　　　　　蔺　辉
责任技编：刘振华
责任校对：李瑞苑

广东旅游出版社出版发行
（广州市天河区五山路483号华南农业大学　公共管理学院14号楼三楼　邮编：510630）
邮购电话：020-87348243
广东旅游出版社图书网
www. tourpress.cn
深圳市希望印务有限公司印刷
（深圳市坂田吉华路505号大丹工业园2楼）
787毫米×1092毫米　16开　13印张　100千字
2014年1月第1版第1次印刷
印数：1-8000册
定价：39.80元

序

新一辑的饮食节目叫《蔡澜叹名菜》，我对这个标题有点意见。第一，那个"叹"字是广东人才明白的，是享受的意思，但其他地方的人叫起来，总是有点悲哀，总把"叹"字联想到叹气来。也成为我旅行团的标题。日文的"叹"字发音成Tameiki，有点"叹"一声出来的味道，问我说："Doosite Tameiki？"（为什么要唉声叹气呢？）

但是电视台那么决定，我也不便去推翻，只要尽力去做，把节目做到最好，已能向自己交代，叫什么名字就不要紧了。

好在播出之后，收视率平均都有30点之上。对这种非戏剧性的节目的收视，算是高的。"托赖"，"托赖"，谢谢大家的收看，也感谢金庸先生。

我做过的节目，像《蔡澜逛菜栏》等，都有金庸先生的题字，经他老人家大笔一挥，总带来好运。这回不例外，要求墨宝。金庸先生也觉得节目名不妥，后来经我再三要求，勉为其难也写了，我才有信心。

我的两位拍档，苏玉华和Amanda S.都是在《美女厨房》那个烹饪节目中得过冠军的，前者精通中菜，后者到过法国的"蓝带学院"学做甜品；最重要的是她们两人，对厨艺都有一份热爱，吃东西时的反应真挚，一点也不假，已非常胜任。

《蔡澜叹名菜》第一集播后，无线的同事来电："收视率平均有29点，多的时候是32点。"

"1点到底有多少人收看？"我一窍不通。

"近10万。"

"那到底是多少嘛？"我的数学课早已不及格，"请正确一点报上来。"

"等于是说，那晚最多观众有2014180人。"

香港人口700万，约1/4的人看这个节目，算有个交代。

"当然，加上珠江三角洲，那就不得了了。"电视台的同事又说。

把这个消息告诉了苏玉华，她惊叫了一声，高兴得很。另一位女主持Amanda S.也欢呼。多得这两位佳人，谢谢。

幕后工作者和企划人都要感谢，我不会像得到金像奖那么滔滔不绝地连祖宗三代也加入到名单宣布。

其实，信心是有的，自从金庸先生为我题了字，已建立。每回有老人家的标题，都有福气成功的。

Amanda S.的粤语不太灵光，但愈做愈好，她时常把耐心和信心混在一起，不会使用。耐心也好信心也好，两者都需要，这个节目1小时，大家看得轻松，我们要经过6天的制作才能完成，再下去还有一阵子忙的。

第二集是讲点心，第三集谈海鲜和河鲜，把香港的饮食事业作一详细的报告。本来一个特辑是13集的，当今已增加集数，以18集播出。

我们会研究一家食肆的存亡问题，得到的答案是：只要有特色的话，一定做得好。经营不下去的，租金贵是主要的原因。

但是在香港，除非是自己的物业，有哪一间不是在"挨贵租"？一家卖豉油牛扒的，在40年前开业时，也因贵租而搬到深水埗去。当年卖得牛扒一客只是4块钱，至今60块，还是客人不绝，第二代传人从外国留学回来接班，看了也高兴。

现编辑成《蔡澜叹名菜》一书，希望大家也同样读得开心。

目录

目录

目录

目录

粵菜

　　好吃不好吃，是要比较的。希望大家可以体会厨师的心思，他们花时间去做一道菜，需要的是一份执著，他们都是比较顽固的；像我这种顽固又爱吃的人，亦会去寻找，找到最好的为止。

蔡澜

极品粤菜馆

【镛记酒家】

香港曾深受西方文化影响，不过在饮食方面仍然保留着传统口味，烧腊以香港烧鹅做得分外出色，中外驰名。中环是香港最具代表性的地区，这里有一家很有代表性的酒家，外国人来到香港，除了认识兰桂坊之外，也知道这家以烧鹅闻名的镛记酒家。

做饮食节目，人脉关系很重要，我要介绍的餐厅，老板们已是我的老友，任我胡来。"镛记"的心脏是它的厨房，从来不让外人进去，老板甘健成兄也说随便拍好了，并将烹调秘密公开，一点也不保留。

家传秘制烧鹅誉为"天下第一"

身为第二代掌舵人的甘健成，醉心于钻研烹调方法，最爱是将意想不到的菜式，呈现于人前。他深信传统，又说："厨艺是需要经过实践和领悟，一次复一次，一年复一年地坚持下去。"早在1968年，镛记酒家被美国《财富》（Fortune）杂志选为"世界最佳食府"之一，40多年后的今天，外国人来到香港仍然会慕名而来品尝烧鹅。

其实鹅是有季节性的，最好的时候是在重阳前一个月和后一个月，或者是清明前一个月和后一个月，因此烧鹅在一年之中有半年是最佳的。镛记每天平均售卖300多只烧鹅，如遇上特别节令更会售出超过400只以上。

一样东西做得好就可以白手起家，由大排档做到今天连大厦也建了出来，这么璀璨的地方、这么好吃的地方，就是由一只烧鹅开始，那就可以说是天下第一了。

将英文的Humor翻译成中文"幽默"这词的林语堂先生，在1973年来过这家餐厅，一吃就说是"天下第一"，并写下"镛记酒家　天下第一"的题字。

招牌烧鹅的制作

1. 把鹅宰好后放血，先在肚子上涂上酱然后封好；
2. 把鹅腌好之后，就用气枪将他们吹得胀胀的，放在热水里将油脂去掉；
3. 用糖、醋涂在皮上，糖可以在烧鹅的时候抢火，醋可以帮助上色；
4. 上色后风干4～5小时，再放入炉内烧。

秘诀：

其实做烧鹅，炭也很讲究，烤东西的炭有些叫二号炭，如用三号炭的话火就比较弱，烧出来的鹅不太好看，镛记用的炭是来自马来西亚的"二坡"，像日本名厨非坚持用备长炭不可。做得这么好全凭经验，要偷师也不容易。

全猪宴"华亭聚五福"

溏心皮蛋是我的最爱，为什么永远是溏心的？原来是腌制后第二十八天吃，太早太迟都不行。

鹅脑冻是将鹅脑取出，跟猪皮一起熬，将鹅汤做成冻，一块就是一个鹅脑，每盘鹅脑冻都需要用上很多只鹅。

将鹅头顶的髻和鱼云一起做成鹅髻鱼云羹，内有鱼云、火腿、豆腐，材料非常丰富，一吃难忘。

韭黄鹅红也非常美味，不过有很多地方都禁吃了，如新加坡等地，香港保留了这个传统，都是很难得的。

甘先生年轻时，自创出鹅油捞面，他在烧鹅腿上划一刀，把流下来的鹅油用以捞面，好吃得不得了。那时大家都称他太子，因此这款面又称为"太子捞面"。

打败铁人的"华亭聚五福"

这家酒家的全猪宴"华亭聚五福"曾经得奖，打败了日本《料理的铁人》的铁人，当日的主题是猪，全部菜式都是以猪肉做的，我们有口福，可以尝尝这些得奖菜。有菜远北菇猪䐃汤，非常美味，猪肝又嫩又香；"肉卷珠帘"是用猪背脊肉包以核桃，既爽口又甘味十足。

溏心皮蛋

鹅脑冻

韭黄鹅红

鹅油捞面

松子云雾肉　　　　　　　　　　　　　二十四桥明月夜

　　酿油炸鬼是猪肉酿油条，特别之余，吃起来很甘香；最后的猪仔酥，做成形状像一只小猪模样的猪仔酥，卖相精致可爱。

　　除此之外，我们还试了一些失传菜。

　　松子云雾肉是出自袁枚先生的《随园食单》，现在将他的做法在现代重现出来；至于"二十四桥明月夜"，是源自金庸先生的《射雕英雄传》，书中黄蓉哄洪七公教她武功，洪七公说他喜欢吃将豆腐酿在火腿里面的菜，经由甘先生的实践，变成了这道菜，一个金华火腿挖了24个洞，酿上24块豆腐。

镛记小史

　　镛记由甘穗辉在1942年创立。其前身是位于港澳码头附近广源西街售卖烧味的大排档，1942年，甘穗辉以港币4000元租用上环永乐街32号的铺位，第二次世界大战期间，店铺受到日军轰炸；1944年，镛记搬迁至石板街32号。中环威灵顿街镛记是1964年自置物业，1978年进行重建工程，成为今天的镛记大厦。

镛记酒家
地址：香港中环威灵顿街32～40号
电话：00852 25221624

香港经典茶楼

传统茶楼里，有大家的集体回忆，我们要好好珍惜。

饮茶是广东人最值得自豪的饮食文化，也是最普遍的，一清早就想到喝茶和点心。外国人到香港也一定要吃点心，就像中国人去意大利一定要吃意大利面一样。

香港饮茶文化是从广州传入，在此发扬光大之余，对外国很多地方也有一定的影响力。如果你到外国去，如美国、加拿大的茶楼也会有烧卖，不过都是大大个的，不像香港做得又小又精致，香港保留了传统，而且茶楼更是开到成行成市。

无论以前或现在，茶楼的"一盅两件"对很多人来讲都是一种乐趣，一边吃，一边看报纸，或跟朋友闲聊天，忙里偷闲，绝对是一种享受，加上广东人爱吃爱喝，所以饮茶文化现在已经风行全国，到哪里都有粤式茶楼。

【莲香楼】

　　莲香楼是香港最老的一家茶楼，有82年历史了，也是比较大众化的一家茶楼。楼下主要是卖饼，楼上是饮茶的地方。

　　这里以前也是卖饼的，月饼盒的外观至今保留着传统的样式。这家店之所以出名是它仍然把以前的东西保留下来，不用再创新或做什么融合的菜式，以前留下来的东西，已经是经典了。

　　莲香茶楼历史悠久，经常人山人海，要饮茶可能随时与陌生人同桌，人总是这么多，好不热闹。茶楼的装潢看来也很传统，天花还悬挂着吊扇，墙上也还挂上古老大钟，有种时光倒流的感觉。

　　在这里饮茶的最大特色，就是沿用茶盅喝茶、用茶壶加水，这种泡茶方式在香港一般的茶楼已非常少见，让人回想起童年时候饮茶的情景，感觉十分亲切。

　　以茶盅喝茶需要 "胆大心细"，"胆大"是说倒茶时要大胆倒下，"心细"是说茶斟满后懂得心细地收手。

　　茶楼的一事一物都为大家带来无限的回忆。

莲香楼

莲香楼

　　人们总说饮茶要"一盅两件"，意指一盅茶、两笼点心。这里有些点心是别处比较少见的，例如猪胸烧卖、猪肚烧卖、鱼肚杂、淮山鸡杂等。我最喜欢的点心有烧卖卷、腊肠卷等等；其次这里还有旧式传统的鸡肉大包，让人回想起童年的时候，大大的包内有很多材料，有鸡肉、鸡蛋、冬菇等，一个包就可抵一餐。

　　茶楼内仍使用的吊扇、茶壶、痰罐、点心车，都保存着怀旧的风味。不过小时候是饮完茶要结账时，茶楼伙计会按桌上的点心笼去计数，有些人要作弊就把笼子藏于桌底，不过现在茶楼也改用了点心纸来计数了。

　　在传统茶楼里有大家的集体回忆，我们要好好珍惜。

莲香楼小史

　　香港莲香楼原有3家，现仅存一家，原名是"连香楼"，创业于1918年。于1910年（宣统二年），一位名叫陈如岳的翰林学士，因品尝了连香楼的食品后，大赞其莲蓉做得出色，故书"莲香楼"，将原本的"连"字加上"草花头"，连香楼自此易名为"莲香楼"。

　　莲香楼的茶室之内，需茶客自行找座位；大厅四面挂上中国古文诗句、山水字画，不设贵宾房，以手推点心车售卖经典点心。

莲香处处

　　莲香楼以莲蓉食品见称，莲蓉包只在早市、午市供应，莲子香扑鼻、莲蓉入口幼滑，亦一直选用湖南的莲子做馅，湘蓉呈啡红色，所制成的莲蓉包的馅也是啡红色。其他还有以莲蓉为主题的特色小菜，如双莲藕饼。"莲香月饼"更是广州月饼中一个驰名品牌。

莲香楼
地址：香港中环威灵顿街160～164号
电话：00852 25444556

【陆羽茶室】

　　陆羽茶室位于中环史丹利街，有75年历史，20世纪30年代末创业至今一直留传下来，茶室内的布置仍沿用40年代以艺术品布置的风格，例如露出一半在墙外的花瓶，天天都插以鲜花，是我很喜欢的摆设。茶室里到处挂有名画，也有张大千的作品，另外有彩绘的玻璃窗户、悬挂的古董吊扇等装饰，现在有很多餐馆都模仿这种装潢，但这里是第一家。

　　这家拥有75年历史的茶楼，固然有说不完的故事，例如以前有一位茶客在此被人开枪暗杀；茶室内所有名画都被偷过一次……幸而老板有很多名画，偷了一批又换一批；虽然发生过暗杀事件，但这里仍是客似云来。

　　相比莲香楼，这里给人另一种风味，感觉非常优雅、精致，别有味儿。但最重要的是这是一家"顽固"的茶楼，味道保持不变，好像以前很普通的煎粉果连汤，以前到处都有，现在已经有很多茶楼不做了，但在这里仍可吃到。这个点心的吃法是将煎粉果泡在汤里，以筷子使劲戳之令汤完全吸收到粉果里面，汤吸得越多越好，这种吃法很有文化，也很传统。

陆羽茶室

　　有不少的点心是坊间少见，当中有煎粉果连汤、紫萝火鸭批、虾仁荷叶饭、淡水鲜虾饺、葱油叉烧角、榄仁马蹄糕等等。每款点心都是点心师傅的精心杰作，令人回味再三。这里的炸酱面也是一绝，颜色既特别又吸引人，平常吃的都是带点橙色的，不过这里的炸酱面卖相是北方的颜色，味道则完全是南方的。

　　以前我们觉得普通的点心，现在已经很少人做了，像茶室里有一种枧水粽，以莲蓉做陷，可当甜品来吃，而甜味适中，嗜甜的人也可再蘸一点蜜糖浆。当葡国蛋挞大行其道之前，原来这家茶室早就有做得更精美的"松化鸡蛋挞"，一口一个，吃到这样的东西自然让人有幸福的感觉。

　　创业看来不困难，但是要开业75年间仍然能把食物维持得如此高水准，殊不简单。

陆羽茶室小史

　　陆羽茶室是由马超万及李炽南于1933年6月11日创办，初时在香港永吉街开业，后因业主要收回单位，遂于1976年迁至士丹利街现址，亦建有物业的陆羽大厦。陆羽是中国茶圣，对茶很有研究，而茶室亦以茶著名，故定名为"陆羽茶室"，茶室二楼放置了一尊陆羽像。

　　陆羽茶室共有3层，每层皆有3个厅房。茶室内装修古色古香，挂有不少中国字画墨宝，门口的招牌由旧址沿用至今，已有60多年历史。大门外有白布包头的外籍朋友看守。茶室内的柜台、屏风、吊扇、钟、花瓶、算盘等更是古意盎然，家俬多用酸枝花梨，均由旧铺搬到现址，保留了旧有的风格。柜台旁放置痰盂，也是茶室的特色之一，痰盂的作用，除了给客人吐痰外，也让客人和伙计把凉了的茶倒掉。

陆羽茶室
地址：香港中环士丹利街24号
电话：00852 25235464

【端记茶楼】

香港有一家特色茶楼，是荃湾大帽山川龙村的端记茶楼。在川龙有一条很清澈的小溪，是这里的龙脉，水流源自大帽山，在茶楼内喝到的茶，就是用这里的水冲泡而成，冲出来的茶也是最好的。用水质好的水冲茶，不必买几万元一饼的茶，也很好喝。

水源两旁的农田种了很多瓜菜，其中大片种的是西洋菜，此菜可治痨病，菜身很脆，拿去洗的话也很容易折断。有一次去墨西哥拍戏，我煮了很多西洋菜给工作人员吃，有人问："蔡生，你怎么在墨西哥也找到西洋菜？"我说："这种菜是由西洋来的嘛！"

在香港，难得还可以找到用山水栽种的西洋菜田，我们试了白灼西洋菜，尤其是用山水煮成更是难得；白灼西洋菜既新鲜又爽脆，跟外面吃到的不尽相同。

至于点心，这里也保留了传统。师傅会用鹌鹑蛋、手剁猪肉和木耳做成鹌鹑蛋烧卖，这已是很少见的一种传统食品，现代人都说怕胆固醇，大家都不吃了，但我和周中都认为一个星期才吃一颗，不会出事。虽然现代的人未必懂得欣赏，不过对于吃过的人来说，一定会感到很回味。

端记茶楼

端记茶楼

　　有一种特色食物，别处不会找得到的，就是乡下地方才有的菜粿。菜粿是用当地种植的鸡屎藤制成，有清热的功效，吃起来有股天然的草香味，当地的人说吃了以后一年都不会生病。

　　端记茶楼有个特色就是周围挂满鸟笼，记得我第一次来香港饮茶，也是挂着很多鸟笼。在城市里，因为之前有鸡瘟，已经不让人挂鸟笼了。澳门本来还有一家可以挂的，但最近也被清走，弄得干干净净，也不让挂了，只剩这家茶楼还保留着这种特色。对有些人来说，每天早上提着鸟笼到茶楼饮茶，才能感觉到真正的轻松。

　　山水好茶，传统点心，有鸟笼的酒楼，对于这些濒临失去的一点一滴，我们都要好好珍惜。

端记茶楼
地址：荃湾荃锦公路川龙村57～58号
电话：00852 24905246

广州经典茶楼

饮茶文化是从广州的西关开始，很多食物的发源地也在这里，很多出名的茶楼都在西关附近经营。西关人出了名的懂吃懂喝，在广州的上下九步行街一带云集了很多老字号的小吃店，不过说到我最喜欢的茶楼，就在这家五星级酒店——白天鹅宾馆里面。

【玉堂春】

丘卫国师傅是白天鹅宾馆点心部的大厨，是大师级的点心师傅，有国家级中式面点高级技术，在国内业界曾荣获多项大师级荣誉称号。曾多次接待国家元首、政要，他做的蟹黄干蒸烧卖是我最爱吃的，用真正传统的手法做出来，一吃就知道是与众不同，因为这是手工剁出来的。

首先是猪肉，一般选用后腿肉，那里肌肉的部分是最好的。以前一直做烧卖就是手剁猪肉而已，丘师傅的做法是五成瘦配两成肥肉，还有三成河虾肉，加入盐后用手打成胶状，这是最关键的部分，一定要用手来做才成。打到差不多的时候放古月粉拌匀，在碗内摔几下，可清晰看到已呈胶状的状态，包烧卖时中间要做得纤细点，比较软脸，顶上再以蟹黄点缀。颜色鲜艳夺目，未蒸熟的烧卖已经十分吸引人。

我最喜欢来到这个饮茶的发祥地，悠闲地吃真正用手剁出来的烧卖，能吃到虾肉、肥肉的味道，各种材料都配合得很完美。

云吞面的传统已在广州失传，反而香港的比较好吃，点心则还是要到广州，所以有说"羊城美点"，由此可知。这里饮茶比香港更有气氛，在这种颜色雕花玻璃等营造的环境中，以前的西关大少也不过如此。

这次我们叫了较有代表性的点心，其中有外皮非常薄的肠粉。有所不知，以前的西关大少吃肠粉，不是整条吃的，而是光吃掉肠粉的米汤和酱料，丢弃其余的部分；酥皮叉烧酥很有新意，也叫菠萝叉烧包，内有叉烧，外皮是菠萝包的模样，是菠萝包和叉烧包的混合体，十分好吃；传统马拉糕，原是普普通通的甜品，但细心的话可观察到糕身有三层不同的气孔，一排直一排横的，极有文化内涵；白糖糕一般吃来都有酸酸的感觉，其实不应该有酸味的，这里的白糖伦教糕，做出了传统的味道，一点也不会酸。这里是正宗的传统味道。

如果能保持原来的味道，只要是好吃，你吃过一次就会上瘾，以后就不会吃汉堡包了。

玉堂春
地址：广州市沙面南街1号白天鹅宾馆
电话：86 20 81886968

【一峰餐厅】

在广州，有一个必到风景之处是白云山风景名胜区。白云山上除了风景优美，到了山顶，还能品尝著名的白云猪手和白云凤爪等美食，所以我们一早就到白云山顶的一峰餐厅吃早点。

相传白云山有间寺庙，师傅下山化缘，一班徒弟就造反了，带了一些猪手想煮来吃，岂料师傅回来，他们情急之下，把锅子扔到后山，待师傅出去后再捡回来吃。原来猪手不用煮已经可以吃，还十分爽脆，这就是白云猪手的故事。白云凤爪就是将制作白云猪手的做法运用到鸡脚上，制成外皮雪白而爽脆的白云凤爪。

白云山的水质好，所以豆腐也是很出名，又叫"山水豆腐"，喜欢肉的话可以酿一点鱼肉或猪肉来蒸做成肉滑蒸豆腐；清蒸豆腐既好吃又健康，红烧豆腐很滑嫩，还有咸甜均宜的豆腐花，咸的话就放一点肉松、虾米、菜脯等。

一峰餐厅
地址：广州市白云天南第一峰
电话：86 20 37229871（2322）

杏汁炖白肺

由香港陆羽茶室中菜部总厨褔智明先生示范的杏汁炖白肺，这道菜式也是这家餐厅的主角，制成后颜色呈奶白色，有十分浓郁的杏仁味。材料很简单，就只有一个猪肺和一些南杏、北杏，不过做法却很复杂，得花上半天时间。首先将猪肺灌水20～25分钟，灌水后猪肺就变成了雪白色，之后灌入杏仁浆，再以水草绑紧顶部，然后拿到锅子氽水15分钟左右，加入瘦肉和火腿用清水炖3小时，炖好后的汤倒出部分加上1/4的南杏和北杏，放入搅拌机搅拌约10分钟，以筛子隔渣就变成了杏汁，最后取出猪肺解开水草，将杏汁和汤倒入，加一点点盐再炖上1小时便大功告成。

在一般人的印象中，吃猪肺感觉好像很难接受，尤其是外国人，他们会以内脏来制作香肠，但是肺的部分，则只会给猫吃。这个杏汁炖白肺，只要喝一口，便知道是否美味了。

鹧鸪菜

虽然说是粥，但这道菜的主要材料是鹧鸪，还有瘦肉和火腿蓉。将鹧鸪炖至肉变软之后拆骨，然后剁成蓉。锅中放入少许油及酒后将炖鹧鸪的汤倒入锅中，加入刚剁好的鹧鸪蓉和参薯蓉一并放锅里煮，煮好后加入少许盐，待沸后再加一点生粉勾的芡，最后加进一些蛋白，倒进碗内再在面上加几粒火腿蓉，鹧鸪粥就完成了。

此味名为粥，用的其实是参薯，参薯是一条一大根的薯，外皮略黑，健肺开胃，清除外皮后磨成蓉一起放下去煮。

烧云腿鸽圃

对我来说，鸽肉只是陪衬，云腿才是这道菜的灵魂。烧云腿的做法很考功夫的。首先要调糖水，以砂糖和蜜糖煮融成了糖浆后，把云腿泡下去，这样才够香、松化、有甜味，而且不会那么咸；要这样泡上3天才能吃，3天后糖已渗进去了，拌些豆粉水和加些蛋浆，沾些粉放进滚油中就即刻把锅拉开，有糖在里面，就会容易变黑。浸过两分钟后拿去切片，但不能切得太薄，接着拿去炒；鸽肉倒下锅中炸，拉油后倒起来；这边加些姜葱、甘笋爆香后再回锅加调料，再加酒、鸽肉，炒成后上碟中央，外围以金华火腿围之。

这道菜算是非常传统的菜式，以前更流行放一个白鸽头和颈在碟上，以证明用了一只鸽。

古法咕噜肉

传统的咕噜肉已很多人不懂得做了，即使懂也未必做得好吃。

制作咕噜肉的肉要选枚肉，酱汁也是很重要的，做旧式糖醋的方法主要还有两粒梅子。调汁时先放入白醋，其次若要甜先放盐，之后依次加入茄汁、片糖、砂糖还有梅子，最后是放入山楂，待山楂融化后糖醋汁就大功告成。

枚肉放少许盐再沾点生粉后放入滚油中炸，捞起隔油备用，配料炒香后倒入糖醋，再倒入咕噜肉一兜一抛，这道菜就完成了。

一般家庭主妇都会炒咕噜肉，而古法制作工序不简单，现在很少人愿意花那么多时间去煮，随便调些什么汁便算，所以现在坊间的煮法大多只是形似，但没有味道，因为做法完全不同了。

传统的咕噜肉一点酱汁也没有，是干的，酱汁刚好全包着瘦肉，咬下去感觉不会很油腻，酱汁饱满而且香脆，加之那块肉的肥瘦很平均，所以味道很特别。

这道菜在外国的中国餐厅煮出来的话，都是很多酱汁的，因为他们是煮好肉到最后才浇上酱汁的。

说到底，一道咕噜肉，当中的学问殊不简单。

潮州菜

　　潮州人对菜式的想法，是异想天开的，像咸甜双拼的粽子一样，教人无法想象；用猪肉来做甜品，相信连法国人都未曾听过，也是我一生见过最肥的甜品。

蔡澜

变化多端的潮州菜

一提到潮州菜，香港人都会想到"打冷"，以前的"打冷"，全部的食物都排放在店外，可是被政府赶进店子里面，再不能摆放出来。一进店里，可以看见各式各样的食物到处摆放着，好像越来越贵的花蟹、典型的大眼鸡、乌头、蚬子肉、酸菜、麻叶、糯米灌猪肠等等，让人目不暇接。

【尚兴潮州饭店】

我们请了周中师傅一起品尝经典的潮州菜，这家酒家是城中著名的潮州饭店之一，也称得上是富豪饭堂，吸引大家慕名而来的正是一道一道考功夫的经典潮菜。

白灼响螺片，是潮州菜中最贵的菜式之一，一小片已售港币300多元。其实在二三十年前，一片也要卖200元，现在算起来其实不算贵，反而是便宜了，不过以前的响螺比较大，所以一片螺肉也比现在的大。通常一斤螺只有1

白灼响螺片

咸腌蟹

两左右的肉，螺头是没有用的，只能拿来熬汤，但是以前的潮州人总觉得螺头是最好吃的部分。

这家店的潮州翅，与别不同，最特别是用了猪油煮，非常香口，保留了潮州翅的本质。

潮州人喜欢用生的新鲜食材来腌制，这店的咸腌蟹，做法历史悠久，把蟹放进酒里腌，酒有消毒杀菌的作用，可以放心食用，可当送酒菜，配粥更是一流。

潮州人喜欢吃鳝，我们还试了荷包鳝，以咸酸菜叶，中间包着去骨的海鳝，鳝内还加了冬菇、金华火腿和笋三种材料，包成荷包状拿去煮汤。

潮州菜深受普罗大众欢迎，家常的潮州菜，款式很多，而且价钱相宜，一碗粥、数碟小吃，已经足以令人温饱。

尚兴潮州饭店
地址：上环皇后大道西29号地下

【创发潮州饭店】

潮州人也吃海鲜的，但做法却跟广东菜有所不同。创发潮州饭店把部分海鲜摆放在门口供人挑选，进门后又摆放各种食品，这间既是大排档又是店子，予人以新鲜出炉的感觉。

广东人一般不吃马友鱼的，它身形大，一尾可供约十人吃用，但潮州人很喜欢吃这种鱼，会将之切成一块一块去煎。店里有很多特色食品，如粉肠胡椒猪肚汤、凉瓜黄豆排骨汤、花生焖猪尾、鱼饭、猪脚冻、咸菜粉肠猪肚汤等等；这家店即使连续来一星期，每次也可以吃到不同的菜式。

潮州菜有个特点就是每个菜都配上一个不同的酱料，如冻食的大花蟹是咸的，会配上甜的酱，而老一辈的潮州人却喜欢蘸橘油。我喜欢最简单的东西，像半煎煮马友，把马友煮一下，然后以高汤焖，加些芹菜、姜葱、蒜和豆酱，味很鲜甜，爱吃的人连酱汁也吃掉，尤其以拌饭更是美味。

普宁豆腐，蘸韭菜盐水食用，或和生韭菜一起吃，豆味浓，加上外皮很脆，是我心目中很特别的健康食品。

陈金松继承了父业，他尊重传统，并坚持保留所有原汁原味的菜式，而他的儿子，即第三代传人陈怀强，还在学习阶段，希望将来也能继承父业，让传统的美食一代一代地传下去。

创发潮州饭店
地址：九龙城城南道60～62号地下

创发潮州饭店

潮州食店及杂货铺

【元合】

　　潮州的特色食品之一——鱼粄，即是熟鱼，制作过程不算复杂，但一定要用心，每天早上工人将鱼清洗干净后，逐一放进竹篓，再在鱼上洒上盐，接着放进鱼汤里泡热，约30分钟后放凉即可。以前这家店每天要做过千斤的鱼粄，但时至今日，每天只卖出几十斤。一般的鱼粄有乌头、池鱼、大眼鸡、腊鱼、牙带和我最喜欢的马友鱼等等。

　　以前的人划船出海，在船上煮一锅海水，把捉到的鱼直接扔进锅里，煮好后放进箩里放满一箩又一箩后，拿出去卖，这是他们最传统、最原始、最好吃和最原汁原味的做法。煮了的鱼有很多盐分，可以放一整天也不会坏掉，没有冰箱也没关系。这种做法把鱼的味道完全保留，鱼腹处的鱼油十分肥美，鱼粄亦可以配合普宁豆酱一起吃。

云合

元合
地址：九龙城衙前塱道72号

各式鱼蛋、鱼片和鱼皮都是这家店的招牌食品

【汕头澄海老四卤味专门店】

潮式卤水食品绝对是经典，不管任何部位均可以用来制作卤水食品，提到潮州食品，一定会说到卤水，我带了苏玉华及Amanda S.到我最喜欢的卤水鹅店，吃了卤水制作的面颊、耳朵、鹅腿、鹅掌、心、肝等等。

汕头澄海老四，就在这里衙前围道的宜家卤鹅档发迹，所卖卤鹅大受欢迎，当今在龙岗道开了新店。

从光顾他的卤鹅档起，已有多年，跟店主李明，成为老友。

招牌食物卤鹅切成薄片，入口即化，李明由此打出名堂，当然保持一贯水准。

【贵屿和记隆饼家】

潮州传统糕饼款式多不胜数，这家潮州饼店已经在香港屹立超过半个世纪，店铺内陈列了不同的潮式糕饼，它们也是潮州文化的一部分。

潮州人嫁女，千百年来的传统都要送糕饼，其中比较特色的糖塔是用糖倒模制出来的；记得以前的绿豆饼都放了猪油特别好吃，现在已不放了，却加入了一种传统的叫做橙糕的果皮，这种原料可用来引发原有的香味，但我还是认为没有猪油的话怎么也不会好吃。

店内仍有用猪油制作的葱油饼，用了猪油粒放于馅料内。如果有客人要求用猪油制作糕饼的话，店家也会接受特别订造。

店内有种产品叫"大发猪头"，其实是用花生糖做猪头，一般是喜庆或用来拜神的，广东人有"发到变猪头"的寓意。潮州糕饼种类繁多，每种制作步骤都各有不同，要保留传统味道，每个细节都不可马虎。譬如说做这个花生猪头，材料只是花生糖，最重要是师傅的手艺，制作时一定要把握时间将猪头定型，趁花生糖还热时做成猪耳朵状，再拼上猪头就大功告成了。

杨先生还为我们介绍了米润糖，是以油炸的糯米制成，糖是软的，又不会太甜，这些潮式糕点，一般都不会太甜，而潮州人喜欢喝茶，糕点就可以佐着吃。

贵屿和记隆饼家
地址：九龙城城南道59号地下

【朝发白米杂货】

想了解潮州的地道食品，可到潮州杂货店逛一逛，里面的货品都是应有尽有，别具特色。

说到蚶蚶，就像吴家丽，大概她也是潮州妹的缘故，特别喜欢吃，记得我们谈到潮州家庭吃蚶子，用滚水一渌，刚刚熟，剥壳时要用力，有时剥得指甲都损坏。

"吃时血淋淋的"，吴家丽也记得，又说，"血滴从手指流下，流到手臂背后，这才叫做过瘾。"

她说："蔡先生还教我另外一种吃法，是用个炉子，把蚶子放在上面慢慢烤，烤到熟了，'波'的一声壳打开，一个个吃。"

这店的咸酸菜也很有名，咸酸菜分两种，一种比较咸，一种比较甜，甜的可以直接食用，撕下来就是泡菜，这种用芥菜做的泡菜，有一点甘味，非常好吃，有时我们也可以自己动手做。

除了传统的鲜肉粽之外，还有特色的双拼粽子，粽内同时有咸有甜两部分，咸的部分，原料是糯米、莲子、虾米、冬菇、肥猪肉和半肥瘦猪肉，全部炒过一次；甜的部分最重要的是靠猪网油，它是包着猪肺部分的一张网状的油脂，将一大块的猪网油裁成小片，包着豆沙再放入粽内，蒸熟后，油就渗进豆沙中，很好吃。

潮发白米杂货
地址：九龙城衙前塱道46号

【陈春记】

　　潮州人很多是卖药材、燕窝、海味的，上环就是香港的海味及中药的集散地。中药店林立的文咸东街与文咸西街，有"南北行"之称；海味店则集中在德辅道西一带，老一辈称呼该区为"三角码头"。以前的人，中午时就会来这条巷子吃饭，这巷原本都是买吃的小档口，有卖鹅的，有卖猪杂汤的……以前这里被称为"潮州巷"，又因当时两旁厕所相对，所以又叫做"屎坑巷"，现在已迁拆并改名为"香馨里"了。

　　以前，上环三角码头聚集了不少潮州的搬运工人，他们就成了潮州巷的第一批客人，由于潮州巷里的味道正宗，价钱相宜，结果一传十，十传百，潮州巷就成为了当时吃潮州菜的好去处，时至今日潮州巷已不存在，但一些本来在潮州巷开业的食店就搬到上环皇后街熟食市场里面继续营业。

　　我从小吃到大的猪杂汤，吃时不是蘸酱油，而是蘸鱼露，鱼和肉配合起来味道很鲜。

　　我曾经问过在澳洲做牛排的一位老板，怎么不懂得煮牛的内脏来吃，他说他们的内脏文化没有我们中国人那么厉害，所以情愿不干，这个答案令我感到很满意，而且也是事实。

陈春记
地址：上环皇后街1号熟食市场皇后街熟食市场5号铺

【曾记粿品】

　　潮州粿点是经典的潮式食品，曾记粿品就可说是最正宗、最原汁原味的。有椰菜粿、绿豆粿、糯米粿、花生粿，还有最典型的韭菜粿，从前我妈妈会自己做的，用石磨将糯米磨成米浆，拿去把水压出来做成粿，另外炒些椰菜或韭菜做馅，包住以后拿去蒸，即使凉了也十分可口。说到潮式炒糕粿，就是先用黏米做成的糕粿切成一条一条，然后加入浓酱油、菜脯粒炒三四分钟，最后加入韭菜、鸡蛋和甜酱油来炒。卖相有点像炒萝卜糕，吃起来很有嚼劲也很入味。

曾记粿品
地址：上环皇后街1号熟食市场皇后街熟食市场8号铺

潮州鱼蛋和肉丸

【夏铭记面家】

在香港的饮食文化中，鱼蛋占了非常重要的位置。绝大多数潮州食品用的都是一般的食材，珍贵之处在于师傅的用心，夏铭记面家开业数十年，老板夏蒲铭先生每天都坚持亲手做鱼饼，他很重视自己的作品，做鱼蛋、鱼饼，就会用宝刀、九棍、白滑或大黄鳝等这几种鱼，才能完美。

鱼蛋的制作

1. 用机器将鱼肉搅碎，加入调味料后再打成鱼浆；

2. 搅拌期间不断加入冰粒，令搅拌时所产生的热度不至令鱼肉变熟；

3. 再用手挤成鱼蛋，才不会将鱼肉压得太紧或太硬；

4. 把鱼蛋和鱼饼泡暖水，最后将鱼饼切条，放进沸油里炸大约10分钟。

一条鱼，除了肉可以用以外，皮可以拿来炸，骨也能用来熬汤，实在非常聪明。在国外，就有鱼手指(fish finger)，是孩子们爱吃的炸物，而意大利人虽然学了做面，但他们的水饺店还是想不到用一张鱼皮去包饺子，所以说潮州人果然厉害。

夏铭记面家
地址：油麻地新镇地街151号A地铺

【乐园牛丸大王】

除了鱼蛋，牛丸也是不可缺少的潮州美食，乐园牛丸大王的肉丸是香港做得最好的一家，店里的装修是第二代的创新构思，很有时代感，桌椅也是半金属的，感觉前卫，但最重要的是肉丸很好吃。其实肉丸在很多国家和地方都可以吃到，不过，在里面包入馅料就比较少见，在台湾、香港和一些亚洲国家都有，但外国则少见，如鱼翅猪肉丸，里面包有鱼翅。

吃过第二代的肉丸，我们回到第一代的店，这家的主角就是牛肉丸，店主冯秉荣几十年来的宗旨是坚持用好的食材，他深信有好的食材自然有好的食物。

乐园牛丸大王
地址：旺角花园街11号地下

名厨出招 古法潮州菜

　　新加坡的李长豪师傅和潮州的方树光师傅对食物都有一份执著。李师傅是新加坡著名潮州食店的主理人，对于传统菜式，仍然保留一份坚持，最擅长是烹调古法潮州菜。他煮了三个失传菜，其中两道是甜品；方师傅是潮州名厨，入厨超过三十年，精于刀工，他认为厨艺加上精湛的刀工，可以将菜式煮得尽善尽美。

肴肉糯米饭

　　潮州人对烹调的想法，是异想天开的，像咸甜双拼的粽子一样，教人无法想象。用猪肉来做甜品，相信连法国人都未曾听过，这是我一生见过的最肥的甜品，相信大家也不会反对。

　　1. 将五花腩过水后放入油锅中略炸，取出后切成片倒入甜汤中煮；

　　2. 糯米蒸熟后，洒上桔油和蜜糖；

　　3. 以肥猪肉炸油，将猪油连同猪油渣一起倒入糯米饭中拌匀；

　　4. 以甜汤煮好的花腩，一块块地放在碗底排好，加入拌好的糯米饭，把碗倒转上碟。

油爆麦穗花鱿

　　方师傅以精湛刀工，将蔬果雕成栩栩如生的双鸟树上嬉戏状，炒好的鲜鱿在其脚下犹如一朵朵的白花，外围再围以一大圈绿色伴菜，这些伴菜一般是以珍珠菜或菠菜炸成，而鲜鱿的纤维给师傅切断了，吃的时候很软，没有想象般硬。

　　1. 把一大块鲜鱿，以直刀、斜刀在上面轻切，再改成小块；

　　2. 放入滚油中略炸捞起，鲜鱿出现漂亮的花纹；

　　3. 用蒜蓉、姜将锅中炒香之后，加入鲜鱿一起炒后上碟。

客家菜

　　如果你想吃海鲜等贵的东西，那么去广东菜馆和潮州餐厅吧。客家菜是实惠的、便宜的。三五知己，不必充场面，吃盐焗鸡去，花不了多少钱。

　　　　　　　　蔡澜

40年前客家菜在香港饮食界中占据着很重要的位置，一共有200多家。如果你想吃海鲜等贵的东西，那么去广东菜馆和潮州餐厅吧。客家菜是实惠的、便宜的。三五知己，不必充场面，吃盐焗鸡去，花不了多少钱。

曾几何时，这些客家餐厅一家家不见了。

"到底是为什么？"今天有个朋友问。

我回答："因为都变成了粤菜馆。"

是的，由200多家收缩成不到20家，菜牌上除了酿豆腐和梅菜扣肉，都是广东小炒，学人家卖起海鲜来。我真想大喊："客家菜不只是这几种！客家菜非常好吃，我们不是每一餐都要鲍参翅肚！"

自从和天水围的"客家好厨"的老板结识以后，我们互相研究，回忆出十几种怀旧菜来，当今成为他们的招牌宴席，高朋满座。也乐见报纸和杂志的介绍，新开的客家菜添了几家。

我探讨的香港饮食文化中，这一章，专门介绍客家菜。

从"客家好厨"开始，到新派的"客家爷爷"，到新界围村的盆菜。我们由香港出发，去福建的土楼寻根，看看在那里落脚的客家人，吃的是什么最基本的客家菜。

跟我一起的是老拍档Amanda S.，苏玉华有新剧拍摄，不能成行，代之的是黄宇诗，她是老友黄霑的女儿，感到特别亲切。

还有一位小朋友，叫廖启承，11岁那年参加我的旅行团，从未停过，我们去完日本到欧洲，吃遍各地的美食，他今年已21了，还在英国念经济，但立志毕业后开餐厅，父母也任由他了。

廖启承也是客家人，从他父亲处学到客家美食的欣赏。由他带路，我们一行加上工作人员，浩浩荡荡，直飞厦门，但不是吃福建菜，而是到闽西尝客家菜去也。

香港的客家菜

【客家好厨】

　　传统的客家菜要属白切鸡。它们本来有两种做法，一是盐焗鸡，用盐包起来焗；一是盐水鸡，用盐水浸的。最重要的是要连内脏一块上桌，如果没有内脏的话我们可以退货。

　　另外的招牌菜是咸菜凉瓜豆腐煲，先尝尝酿豆腐上面的肉，有一点咸鱼味，加咸鱼是正宗的做法，若没有放咸鱼而是一些鱼酱，就不合格了。

　　一道惠州梅菜扣肉是他们做得最好的，猪是客家人的主要食材，很多菜都是用猪肉做，他们较少吃牛肉。也有一道菜叫萝卜肉丸，把萝卜和猪肉搅在一起蒸熟。跟潮州的不一样，有时客家人会用西洋菜做，做成一个白一个绿，很好看。

　　腰肝卷是用猪肝和猪腰用猪网油卷起来再炸。

　　冬瓜封，把材料封在冬瓜里面盖着，拿去炖。先吃冬瓜，味道都走进了冬瓜里，传统的冬瓜封做法和店家的不一样，传统的会用腊肉的皮、虾米干和冬瓜一起煮。

客家好厨
地址：新界天水围天慈商场102号铺
电话：00852 34019928

【客家爷爷】

现代人注重健康，有新派的客家菜馆，改良传统走清淡路线。我们试了萝卜丸，是用白萝卜丝卷起来的，十分精致。萝卜混了一点糯米粉，很有嚼劲。你会发现较清淡，很容易吃，跟传统的肥腻有很大的分别。清淡有清淡的吃法，我不反对新派的东西，问题在于做得好不好吃。

一道酿豆腐，肉比较少而且酿在豆腐里，加了咸鱼，做对了，味道不错。

这家店的招牌菜是醉凤凰，所用的酒是老板娘的奶奶自家浸的，客家人会热吃，生了小孩的女人会吃来补身。

客家菜是千变万化的，值得我们去好好欣赏她，研究她。

客家爷爷
地址：中环云咸街63号巴力大厦2字楼
电话：00852 25377060

【盆菜】

盆菜是围村最有特色的饮食传统，时至今日，每逢节日喜庆，村民都会在祠堂廖万石堂设宴，用盆菜招呼客人。

上水乡的廖氏家族，原籍福建，祖先是客家人，最早期在香港定居时聚居在新界围村。小朋友廖启承是上水廖氏后人。他由10岁开始就跟我到处吃，今年已21岁了，是个小小的食家，以后就由他继承我的衣钵了。

盆菜源自宋代，宋帝昺落难香港的时候，围村村民用盆菜呈上菜肴，自此就成为围村的特色。

这是真正的客家盆菜，我喜欢先吃猪皮。你可以在盆中寻宝，会发现很多不同的宝物，会令人越吃越多。各种材料都好入味，全因这块猪肥肉，焖了很久，整个盆里都是它的香味。煮盆菜猪肉，功夫不少。将猪肉汆水之后放凉才可以煮，煮的时候会用俗称"珠油"的黑酱油上色，再用南乳、干葱、头菜、玫瑰露等调味。然后加入上汤和门鳝干一起以慢火焖煮，1个多小时后就入味了。这个吃法我们去到内地、香港都找不到。

盆菜的起源及材料

南宋末年，元朝军队南下，宋帝昺同陆秀夫、张世杰等人南逃避难。当他们路经香港新界锦田一带的围村时，得到村民盛情款待。但在仓促之间村民找不到足够的器皿盛载食物，只好使用大木盆将菜肴放在一起，就发展成为盆菜。从此之后，每逢大时大节，村民都会一起享用盆菜。

盆菜的用料并没有特别规定，但一般都会包括萝卜、枝竹、鱿鱼、猪皮、冬菇、鸡、鲮鱼球和焖猪肉，现时不少盆菜更加入花胶、大虾、发菜、蚝豉、鳝干等。当中焖猪肉是整盆菜的精髓所在，亦是最花功夫制作的食物之一。

盆菜的食物会按一定的次序一层叠一层地由下至上排好。上层会放些较名贵和需要先吃的东西，例如鸡及大虾；最下层则放些容易吸收汁液的材料，例如猪皮和萝卜。吃盆菜的时候，会由上至下逐层吃下去。

传统上盆菜以木盆盛载，但现时大部分经已改用金属盆或者陶瓷盆，方便使用前加热。

福建的客家菜

【国安宾馆】

龙岩在福建省的西面，称为闽西，南部的厦门和泉州则叫为闽南。未到之前，还不知道有一个叫闽西的地方。

国泰有直航厦门的飞机，一个小时零几分后抵达。由厦门到龙岩，从前要走一天的路，当今有了高速，但前后也要乘近三个小时的车。

穿过很长的山洞，一见天，前面高山一座，左一座，右一座，后一座，怪不得说，这条高速公路的建筑费是全省最贵的，工程实在来得不易。

一路上的风景和珠江三角洲截然不同，山中的树木好像尘封千年，一点也没有人走过的痕迹。

终于到了龙岩，小朋友廖启承带我们去欣赏汀州的名厨雷先生的手艺。雷先生年纪与我相若，儿子是餐厅的经理，女儿当了他的副手，另有一位高足，做了很多菜给我们吃。

先以食材取胜，在和田地区养的鸡，与广东的清远齐名，肉有咬劲，鸡味十足，简简单单的白斩鸡，已令人垂涎。

梅菜扣肉用的是雷先生自己泡的梅菜，味道比一般大量生产的好，而那猪肉，用的是著名的槐猪，皮特别厚，肥的部分已走光了油。除了用来做扣肉，还拿去红烧，咬起皮来"嗖嗖"有声，竟然是爽口的。

有一道菜叫"腐皮鸭"，和鸭无关，是用鱼做的。山里的人穷困，吃不到鸭，但溪里有淡水鱼，抓到了去骨斩件，炊熟后淋上酱汁，外表像一层鸭皮，故称之为"腐皮鸭"。

我最欣赏的，反而是鸡肠面，原来也和鸡无关。用薯粉，加鸡蛋，搅成浓浆，倒入平底锅，煎成一片薄薄的饼，把饼重叠后，切成条，就是面了。

因为用的是薯粉，制成品像灼熟了的鸡肠的颜色。把面拿去和豆芽韭菜一起炒，就做出鸡肠面，前后不到15分钟。Amanda S.看了惊讶："洋人怎么做，也不能从头到尾在15分钟做出一碟面来！"

国安宾馆
地址：中国福建省龙岩市新罗区曹溪镇
电话：86 597 2759999

土楼里的客家人很热情，在较小巧的"振福楼"做家宴客。这里依山傍水，风景美不胜收。厨房建于土楼之外，我们先在溪边看他们做盐焗鸡。

　　香港客家餐厅做的盐焗鸡已不用盐焗，而是把鸡浸入盐水中煮熟罢了，有的虽说是盐焗，但用胶纸包住，盐怎么透得进去？这里做得正宗，先把盐炒上一个钟，再以粽叶包裹着鸡，放入盐中，焗三个小时才完成。

　　做的茶粿，当地人称为"粄"，是蒸熟了的芋头磨成糊，再加番薯粉混合制皮，捏成一个杯状，把炒肉碎和蔬菜的馅装进去，封起，蒸熟，即成。

　　菜上桌，先有"五谷丰收"，焓熟了花生、薯仔、玉米、芋头和番薯。番薯特别甜，我最爱吃，熟花生香，剥个不停。

　　真正的盐焗鸡当然美味，姜酒鸡则是用姜和甜米酒煮出来，另外，酒煮的鸡蛋是先煎出一个荷包蛋来才去煮的，最原始，最好吃。

　　有种叫"苦齐"的野生蔬菜，比凉瓜更苦，也更甘了。

　　两种花都可以吃，先是南瓜花，这道菜西方人也做。另一种叫鸡肉花，紫颜色，咬起来口感的确像鸡肉，也甚奇。

　　其他菜还有酒糟河鱼，干蒸香骨和客家酿豆腐等等，吃得不能动弹。

【说说客家人】

很多人都说客家人是"东方的吉普赛人"，到处流浪作客，故称"客家"。

这个说法不太正确。是的，他们由异乡而来，但并非因为他们没有家，非在各地奔波不可，而是他们的祖先想要寻找一块世外桃源，避免战火而已。

最早，他们都是中原人士，这一点从他们的族谱可寻，客家人一远走他乡，最重要的行李，就是他们那本族谱了。

从族谱中发现，客家的祖先并非全是张三李四，而是中原的贵族；他们的流浪也并非一定是被迫，而是出于主动，某程度上是一种自我放逐。

代代相传之下，客家人的遗传基因逐渐改变，培养出他们融入别人社会的本领，那就是他们的语言本能。

客家人是语言专家，他们说任何方言，都没有客家腔调，不像江浙人永远保留乡音。在那种自我放逐的途中，有很多客家人已被各省接受，住了下来，不再跟大队去寻找乌托邦了。

继续前进的客家族群，终于落脚于江西、福建和广东。为什么选这些地方？我这次到了龙岩才知道。

四面被高山围绕，交通非常地不便，敌人很难攻得进去，客家人在龙岩定居之后依山耕种，终于有了自己的家园，不必处处作客了。

但也要防御，他们盖起了方形和圆形的大屋，众人住在一起，大家互相照应，这些独一无二的建筑，就叫"土楼"。

何止三百年？到现在这些土楼还是高耸的，充分表现出客家人的智慧，不得不佩服。

【世界文化遗产 ——福建土楼】

高四层，楼四圈，
上上下下四百间；
圆中圆，圈套圈，
历经沧桑三百年。

龙岩像中国其他的新开发小镇一样，也有超级市场、政府高楼、百货商场、沐足室和数间四星级的旅馆。

我们睡了一晚，第二天一早出发到永定县去，这里有最多的土楼族群，连绵不断，称之为"土楼长城"，已被列入《世界文化遗产名录》。因为这里实在太有特色了。

土楼有方形的，但以圆形土楼最具特色，一间连一间，一层上一层、一圈围一圈。土楼其实布满机关，大门一关上，从暗格中可以抽出一条巨木挡住，怎么攻也攻不破。

用火来烧吗？门的表面是铁打出来的，再烧也烧不坏，四周还有暗道，能倒下水来熄火。

由第一层到第二层是没有窗口的，架云梯来侵袭的话，三楼和四楼会淋滚油，或者伸出枪来射击。

就算第一座被你攻破，末了还可以退到第二座、第三座至第四座去。敌人进入第一道墙，就像走入迷宫，抵挡不住守楼兵士的厮杀。但这一切，只能保卫自己，一味守，一味逃避，建筑没有攻击性和侵略性。

有一处连接了个圆形土楼，加上一个方形，当地人司空见惯，还谑笑道："从山上往下来，像四菜一汤。"

土楼的建筑材料主要是用红壤土，加上沙石、竹片、土纸浆堆积而成。有一些质量较高的土楼，为了增加红壤土的粘性，还加上了红糖、蛋清和炊熟的糯米饭，这是客家人的智慧。

最大的土楼叫"承启楼"，是土楼之王，占地5000多平方米，直径有70多米，外墙的周长为229米。

当你走进去时一定忍不住惊叹，到底是什么人才想出这样的建筑！每家虽然都连接在一起，但各自有各自的门户。最底层是灶房和吃饭的地方，二楼为谷仓和存放耕耘的工具，三四楼才是睡房和客厅，要斩件（粤语方言，意为"细分"）来看，才知道他们家庭的结构。客家人团结的力量，发挥得淋漓尽致。

土楼的历史

福建土楼包括闽南土楼和一部分客家土楼，总数约三千余。通常是指闽

西南独有的利用不加工的生土夯筑承重生土墙壁所构成的群居和防卫合一的大型楼房。主要分布在中国福建西南山区，客家人和闽南人聚居的福建、江西、广东三省交界地带，包括以福佬人为主的漳州市，福佬人与客家人参半的龙岩市。

2008年7月福建土楼的46处被正式列入《世界文化遗产名录》，包括初溪土楼群、田螺坑土楼群、河坑土楼群、洪坑土楼群、高北土楼群、华安县大地主土楼群、衍香楼、振福楼、怀远楼、和贵楼。

土楼的特色

土楼的外墙底层多由花岗岩石块和大粒河卵石垒成，以三合土粘连，厚有1~2米，既可防御地震，又不怕敌人火攻；厚实的土墙，弓箭子弹不入，还可以抵挡炮弹。土楼外最高层四周设有射击孔，土楼人家可以从射击孔用火枪，居高临下射击来犯的强盗或敌人。土楼的环形走廊，俗称走马廊，利于防卫队和弹药的调动。土楼底层仓库储备粮食及弹药，可以维持几个月。在紧急情况下，土楼内还有隐秘的地道，通往临近土楼或田野，便于居民撤退。

以承启楼为例，在宋朝时建的承启楼，拥有"圆楼之王"的美誉。走进承启楼，是一个圈套一个圈，直到中间有一个中庭的位置，总共有四个圈。直径80米，圆周大约有230米，在顶层往下看，可以看到有一个个像箱子那样突出来的，全是独立的厨房。每个单元都以木分开，一座木楼可住600多个客家人。

【光明饭店】

离开永定县，到了一个叫"下洋"的地方，是吃全牛宴的。

把水牛劏了，整只巨大的牛蹄红烧出来。牛肋骨倒像吃西餐一样，牛肚汤是用牛的4个不同的胃煮出来。炒牛心蒂像广州人做的猪心蒂。猪有五花腩，牛也有。牛肉炒老鼠粄，听起来有点恐怖，其实所谓的老鼠粄就是我们的银针粉，用牛肉片炒出来罢了。

清蒸的牛脑吃起来像猪脑。最后的是巴戟炖牛鞭，说是能壮阳，但所有的壮阳食物都是心中作祟，哪里有效？倒不如去吃伟哥。

最奇妙的是东财的泡牛皮。什么？牛皮也可以吃？是真的。牛皮只有牛脸皮那部分能做菜，等于是说吃牛的面朱墩（粤语方言，意为"脸颊肉"）那部分的皮。用醋泡了，切成薄片，吃起来像泡白萝卜多过吃皮，爽爽脆脆，没什么味道。好吃吗？我没说过，我只是说奇妙而已。

吃完全牛宴，我们本来回龙岩去住多一晚，翌日再试各种客家名菜的，但手机传来消息，说风神来袭，香港已刮八号风球，而且会直吹福建。有人建议不如直接驱车到深圳，但要经过潮汕，那条公路是交通的黑点。飞机如果飞不成的话，那又怎么办？

"有没有火车？"我忽然问。

原来有一辆是到广州的，就那么决定。当地接待人也真有办法，一下子包了五个房间让我们走，我们连夜搭火车，直奔广州，清晨抵达，再坐直通车返港。

有包厢也不睡了，坐在餐桌上，把所有的菜都叫齐，一路吃一路喝，把餐厅中所有啤酒都喝光，好在下飞机时，国泰的空中服务员把开后没喝的两瓶红酒送了给我，刚好派上用场，也都干了。

迷迷糊糊之中，想到还没吃到的闽西美味灯盏糕、上料鱼圆、兜汤哩、白露鸡、九门头涮酒、一盘九脆、兔子倒吊兰汤、割糕、肉甲子、米浆粿、甜杂锦等等，只能在梦中吃了。

光明饭店
地址：中国福建省龙岩永定县下洋镇新街10号
电话：86 597 5583796

台湾的客家菜

【涵碧楼大饭店】

我们来到台湾中部，日月潭是第一站，由湖上看涵碧楼，在日治时期，由姓伊藤的日本人所建，涵碧楼是当时官员到日月潭游憩的重地之一，后因水利工程兴建，日本政府将之易地重建，作为日本裕仁太子的招待所，后来也曾作蒋介石行馆，现改为观光旅馆。

台湾名厨陈鸿厨艺了得，为我们煮菜。他叫我做爸爸，我当他是儿子又是女儿。他示范了胭脂鸡，材料有鸡腿肉、冰糖、米酒、韭菜、红曲和南乳。锅热后，不放油，把鸡皮的地方贴在锅面，油就会逼出来。盖上锅盖，先把南乳压碎再放红曲粉、冰糖，把酱料都调稀一点放到鸡里煮，加上米酒，最后加入韭菜和红曲来焖，大功告成。

涵碧楼大饭店
地址：台湾南投县鱼池乡水社村中兴路142号
电话：00886 49 2855311

【金都餐厅】

到了台湾南投，非去"金都餐厅"不可，政府官员请吃饭也必上那里，当然这不一定代表做官的就会吃，但倪匡兄的话是信得过的，他吃了这家人的"绍兴宣纸蔗香扣肉"之后赞不绝口，题字："此处扣肉为七十年来仅见。"我要带大家见识下真正的客家菜。

客家人惯用酒来煮菜，这道酒香甘蔗扣肉，材料有五花腩、埔里的甘蔗、绍兴酒。肉不能炸太久，只要闻到肉有香味即可；要加上红曲、酱油、蚝油、水，再放一年半的绍兴酒，就等着煨40分钟的肉。把肉捞上来，要用3年的绍兴酒泡一泡。腌好后，再用甘蔗心做底把肉叠起来，浇上汁。最后就要用10年的绍兴酒和特调的药膳酒浇上去，之后就用保鲜纸和布包起来，放入炉烤30分钟。

这肉做得很精细，肥而不腻，入口即化。要不俗不瘦的话，一定要笋搭配肉。笋为什么叫"美人腿"呢？因为这里出茭白笋，这种笋就像美人的大腿。食原味的茭白笋是最好的，不要蘸酱，吃下去很甜很像吃水果一样。还有腊味咸肉原乡香米饭，是我的最爱，里面有客家咸肉和腊肠，中间的是山

薏仁。煮这些饭的米又叫精子米，样子像精虫。因为它没有酱油，所以要跟这些麻竹笋混在一起。里面的咸肉一共有五层，这个饭真是一流，比得上香港腊味饭。此外，还有高汤红番薯粄，客家人说的粄就是米的加工，但这个是用番薯粉改良了，但是精神还是跟客家人原来的一样，而且里面还包了很多香菇，就像咸的糯米糍。

金都餐厅
地址：台湾南投县埔里镇信义路236号
电话：00886 49 2995096

【细妹按靓】

　　台湾中部的苗栗县有很多客家人聚居，其中三义乡别有小镇风情。这里的风景优美，我们可以一边看风景，一边吃菜，是一流的享受。我们去吃擂茶，很典型的客家茶，这家的老板娘很美，店名叫"细妹按靓"，客家话意思是"小姐，你好美"。

　　客家擂茶是先把茶叶磨细，磨到粉末状。其实日本抹茶跟客家擂茶也有一点点渊源，那些磨成的茶粉是由唐朝传过去的。客家人的茶，不只有绿茶，还会加一些五谷杂粮。

　　茶叶成粉后，放芝麻进去磨，比较不伤胃。因为茶叶性凉，加上性热的芝麻有中和作用。

　　最后加入花生，花生的香气很浓。其他磨好的配料粉末也一起加进去再磨，否则泡热水时会起泡泡。待所有粉末都混好，就加一点热水，再把它擂一下。搅拌后，喝起来就很香很浓。不够甜的话，还可以加黑糖。

细妹按靓
地址：台湾三义乡旧山县胜兴火车站旁
电话：00886 37 875375

【吉祥楼】

　　我的老友范发良先生是台湾的客家人，做的客家菜非常出色，令人回味无穷。他为我们示范了白玉三宝，先把大白菜、冬瓜、苦瓜煮一下，5分钟就可以了，拿起来，冲一下冷水。接着炸排骨，放一点盐、米酒、太白粉和玉米粉，再用手搅匀，拿去炸，炸至金黄色。然后做酱汁，来一点酱油、炸干葱、胡椒粉，最后打个芡。做好后把排骨放进去，煮一下。最后把排骨放在先前做好的三种菜上，再以保鲜纸包着，再拿去蒸两个小时。

　　以前的冬瓜封，现在就变成有冬瓜、苦瓜、白菜的白玉三宝，下面是排骨，非常好味，这是我吃过的客家菜之中印象最深刻的一次，由最原始的冬瓜封发展而成。蔬菜吸收了肉的味道，变得很惹味。

　　另外，值得一提就是梅菜扣肉，传到香港、台湾或是内地，都是整块拿去炸，也不像旧的做法。旧的做法，已真正的失传了。以前的人把片片的肥肉拿去炸，炸到油碰到瘦肉就拿走，不让油沾到瘦的部分，可惜这个方法已经失传了。

吉祥楼
地址：台湾苗栗县三义乡胜兴村20份283号
电话：00886 37 875923

顶级河鲜、海鲜

洋人吃海鲜只有三种煮法：一是整尾海鲜用水煮，白灼后挤些柠檬汁；二是煎了以后挤柠檬汁；三是用盐烤，意大利人最拿手，不过烤好之后拿出来也挤上柠檬汁，怎么煮也离不开柠檬汁。外国人的吃法，实在太单调了，同样是海鲜，香港人就最会吃。

蔡澜

海鲜

【海湾酒家】

昔日的香港是一个渔港，香港任吃海鲜的文化由此而来，数香港经典名菜，海鲜必然榜上有名。我和苏玉华、Amanda S.一起到流浮山，这是我认为最好的本地海鲜汇集处。

早上，一般会有50艘船在流浮山，不停地从船上卸下新鲜的渔获，好不热闹。在海鲜市场，我们看到很多海虾、本地龙虾、蛏子、象拔蚌等等，食客可以随意在此挑选喜欢的海鲜，交给餐厅去煮。在流浮山吃饭，可感受到它的活力。海湾酒家的刘树培先生为我们挑选了金鼓、方利等海鲜鱼。

很多人都喜欢吃虾，但现在较少人会白灼，现在的虾大都是养殖的，白灼后不够甜，不好吃。九节虾因身有九节而得名，做白灼，头部位置全都是膏，吃起来非常甜美。

我们还试了清蒸金鼓，这种鱼的背鳍肉吃起来味道是甘甘的，清蒸，十分可口。

不过，全世界最好吃的鱼却是黄脚鱲，当今在流浮山，才吃到野生的黄脚鱲，这种鱼几乎绝种，在菜市场买到的全是养殖出来的，吃起来没有一点味道。

鱲鱼有很多颜色，红的、黑的……黄脚鱲是其中的一种，因它的尾部鳍部全带有黄色而得名，清蒸一流，肉质很细嫩，味道十分香甜。

下一道是白灼长爪濑尿虾，这种濑尿虾是香港本地所产，不过本地有那么大的濑尿虾也非常难得，新鲜到肉紧连着壳，内有橙色的膏，膏比肉多，肥美非常。

吃得过瘾，再来油浸方利，方利又称"鱼皇"，一般找到大条的方利都会去蒸，这次我们吃的是油浸，经煎过更加香口，一咬下去，纤维就好像会给融化了，又脆又滑，入口即溶。

又叫了虾膏炒饭，这个饭也用了九节虾来做，放了自制的虾膏来炒，十分香口。

最后来个海龙皇汤，材料有大虾、九节虾、濑尿虾，还有龙虾，味道特别鲜甜。

香港由渔港慢慢发展成为国际大都会，捕鱼业日渐式微，靠捕鱼为生的渔民唯有另谋出路，而本地出产的海鲜亦因为环境变迁而越来越少了。

在流浮山，有一望无际的蚝壳堆积成的岸滩，这里的蚝十分出名，但因污染情况越来越严重，大家都怀疑这里的蚝可不可以吃，其实是可以吃的，却不能生吃。以前是可以生吃的，现在只可以煮熟才能吃，或晒干成蚝鼓。

海湾酒家
地址：新界流浮山正大街44号

【喜记】

　　吃遍各国的辣菜，最后当然不能错过香港的避风塘小炒，香港本来受粤菜的影响，没什么辣菜，比较具代表性的一道菜，就是避风塘辣椒炒蟹，这道菜集香味、辣味、鲜味于一身，最讲求师傅的手艺。这道菜原是到避风塘坐小艇上吃的，但现在餐厅里也可以吃到，而且还保存着那传统的风味。

　　这家店的招牌菜是避风塘炒蟹，先要选好的肉蟹，洗净宰好后，放到油锅泡一泡油，窍门是难熟的部位先放，易熟的部位晚一点才下锅；准备好之后就开始炒了，避风塘炒蟹的入味和辣味，是来自秘制的蟹油蒜蓉，鲜味香浓的蟹油，加上炸香了的蒜粒和辣椒，爱吃多辣就放多辣，爱辣的人一定不可以错过这道避风塘炒蟹。

　　现在已经发明了用真空包装，把这道菜装起来，味道还能保持着。外地朋友来香港可以考虑买来当手信。

喜记
地址：湾仔骆克道405～409号
电话：00852 25757565

【全记海鲜酒家】

拍摄时，酒家老板为我们介绍各种海产，提到鲎，样子像怪兽，总是雌雄两只紧扣在一起，所以捕捉它们时总是一双一对。

花鮀是油鮀的一种，在西贡还能捉到，是所有海鲜之中最不值钱的鱼，大概是因为卖相奇怪丑陋，大家又不懂得如何煮它，其实油鮀最好是用烧腩肉来焖，火腩蒜子焖油鮀，肉质肥美，吃起来有点像薯蓉，连皮也可吃。

洋人吃海鲜只有三种煮法：一是整尾海鲜用水煮，白灼后挤些柠檬汁；二是煎了以后挤柠檬汁；三是用盐烤，意大利人最拿手，不过烤好之后拿出来也挤上柠檬汁，怎么煮也离不开柠檬汁。外国人的吃法，实在太单调了，同样是海鲜，香港人就最会吃。

全记海鲜酒家
地址：西贡万年街8～93号地下

【陈德兴海胆养殖场】

海鲜的产量大不如前，但原来香港还有产海胆的地方，粮船湾的水质良好，适合海胆生长。陈德兴是西贡粮船湾的居民，从事养殖本地海胆，自小与海为伴，以捕捉海胆为乐，5年前开始养海胆。

海胆一般不在深水区，长在深水处的海胆反而不及浅水的肥美。

每年9月是海胆的繁殖期，以前陈先生会特意去潜水捕捉海胆苗，然后将它们集中在岩岸边让它们成长，由于成活率相当高，加上繁殖得很快，海胆已有稳定产量。每年6月，是本地海胆当造季节，6月过后，水温回暖，会令海胆的主粮——海藻消失，海胆就不那么肥美了，与当令的海胆相比，吃起来当然大有分别。

日本人把海胆叫云丹，很多人以为是日本人先吃的，但那些捕鱼的蛋家人很早就已经会吃了，除了生吃外，也可以拿来蒸蛋或熬粥。

一桌海鲜宴，其中有海胆肉熬的海胆粥，呈橙色，很好看。

再试海胆蒸蛋，有点像布丁，但吃起来就知道海胆比蛋更多。

吃到鲍鱼烩鲎子，雌鲎主要吃它的卵子，但因其本身味道较淡，烩上浓浓的鲍汁，鲜味马上跑出来。

有一道卖相相当特别的菜式蛋清炒海星子，将海星子中间挖空，肉和蛋白一起混在一起后，以原只海星做容器来承载，有点像虾肉，甘香爽口，滋味无穷。

香煎马友春，鱼卵之中，马友的卵很大，可以整块拿去蒸，之后又拿去煎，这是煮鱼卵最好吃的方法，它不会在煎或炸的时间散开。

许多人都是觉得吃内脏或卵子不健康，吃卵子就是等于吃胆固醇，但我觉得即使是胆固醇，不是每天吃也不是大量吃就没事，况且值得欣赏的东西，偶尔吃一次，一个月或一年吃一次也没关系。

陈德兴海胆养殖场
地址：西贡粮船湾东丫村天后庙旁2号

河鲜

【肇顺名汇河鲜专门店】

　　吃河蟹，当然要请我的老友倪匡兄来，他对河鲜有个理论：本来海鲜比河鲜好吃，但现在好吃的海鲜已吃到绝种了，都变成养殖的，只有吃河鲜了。

　　这家河鲜专门店，进门处摆放着琳琅满目不同品种的河鲜，我们首先在进口处挑选了多种新鲜食材，再交厨房去煮。海鲜和河鲜的烹调方法有所不同，海鲜容易煮老，时间要控制得宜，多半分钟或少半分钟就差得很远，所以大多是清蒸，河鲜则没那么讲究，花样较多，因为肉质较硬，也可以拿来红烧。

　　我们试了红烧鳄鱼龟，鳄鱼龟的外表看起来有点像鳖，但皮比鳖更厚，吃起来肉质很韧，很有嚼劲。鳄鱼龟现在都是养殖的，只要喂食青菜即可，三四年便长大，可供食用，即使吃了也不会太内疚。

　　有一道生啫花锦鳝，河鲜给人的印象都很小巧，其实也有身形较大的，花锦鳝便是一种既巨大又生命力强的淡水鳝鱼，也是著名广东菜之一，吃起来有种奶味。不过这种鱼在广东、广西的已给人吃光了，尤其是大条的，现在吃的都是从缅甸、泰国等地进口。

　　以大鱼头加入药材天麻、杞子等熬成天麻炖鱼头，听说有补脑作用，但喝来药材味十分浓烈。

　　倪匡兄喜欢鱼头，这次特意找个大鱼头，做个榄角子姜蒸鱼头，不剁碎滑滑的鱼云部分，配以增城榄角来蒸，这种蒸法原是很普通，但加入子姜，使颜色的搭配变得很好看。

吃鱼头文化是中国人特有的，西方人是不吃鱼头的，日本人也是最近才开始吃活鱼的头，而北方或部分欧洲国家，看不见游水的活鱼，倪匡兄以前在上海看到的、吃到的都是已死去的鱼，从未见过活鱼。来到香港看到人家从鱼缸把鱼捞出来都看傻了眼，香港人懂得吃，也舍得吃，所以说吃游水鱼可能是由香港人开始的。

我们还试了特色野生桂鱼，现在的桂鱼一般都是养殖的，这次我们吃的则是野生的，两者不同，养殖的肉吃起来会易散开，和吃豆腐没分别，野生的则很有嚼劲。

来个黄鳝炒饭，黄鳝有药用价值，用来做炒饭，跟之前吃过的九节虾炒饭各有特色。

接着我们试了客家黄酒煮黄骨鱼。黄骨鱼身形细小，吃起来很美味，有海鲜鱼的味道，用客家黄酒来煮，但鱼味被稍浓的酒味掩盖了，倪匡兄则认为没有鱼味怎带得出那么好的酒味，我也同意了。

现在吃河鲜的店不多，我觉得河鲜这个行业很有前途，因为养殖的河鲜不难吃，但海鱼一旦养殖的话，肉质就变得不好吃。现在能吃到的河鲜，不代表过几年还能吃到，遇上就应该好好把握。虽然是养殖，但用来喂饲的不会是小鱼小虾而是饲料，味道一定有差异，现在养殖的海鱼及大闸蟹，味道不再，实在可惜。最可惜的是我们可以记录做法，但味道则是无法记录，即使文笔再好也无用，味道是说不清的，年轻人也只会说是我们怀旧而已，根本无法体会。

肇顺名汇河鲜专门店
地址：九龙湾宏照道38号MegaBox 7楼6号店

【滋粥楼】

在番禺，吃河鲜的文化历史久远，淡水河鲜做得好的酒家也不少，滋粥楼是其中一家，这次介绍体型较大的河鲜，老板王伟和吴冠宇特别准备了很多不同类型的淡水鱼，有超大的大鱼、芙蓉鲤、鸭嘴鱼、西江鲋等等，由总厨郑洪昌为我们示范。

他煮了古法蒸鱼头，大鱼的头部十分巨大，以古法蒸制，先将有4～5斤重的大鱼头斩件，选鱼头最好的部位，加豉汁和少许生粉腌一腌，将凉瓜切片，之后用少许盐腌制，凉瓜铺在碟面把鱼头摆放在凉瓜上，蒸4～5分钟，取出后洒上葱花和热油。

另一道顺德公焖鱼，用大鱼的鱼身部分来做，吃的时候开着火来焖，一熟就可以食，一鱼两食，非常美味。

清蒸鸭嘴鱼上桌，鸭嘴鱼的嘴部如鸭嘴而得名，鸭嘴处更有丰富的胶质，连皮也可以吃，这种鱼我们也是第一次见到。

我们还试了凉瓜炆西江鲋，正宗野生的西江鲋，配以肥肉、腊肉，用凉瓜炆制，十分鲜味。

之后又试了姜葱焗芙蓉鲤、榄角蒸鲮鱼球等。所有鱼肠之中，以鲮鱼肠为最好，制成后一条条的，吃起来好像吃面一样，没有鱼腥味，十分好吃。

最后一道是梅菜蒸鲩鱼，平凡到不得了，但总是忍不住叫一客来送饭，大概是有妈妈的味道。

滋粥楼
地址：中国广州市番禺区市桥番禺广场东侧

【海岛渔邨——番禺河上屋】

　　与苏玉华和Amanda S.来到番禺，不仅是吃的有特色，餐厅也别具特色，都建于河上，这里是咸水与淡水的交界，有很多不同品种的河鲜，不过听当地人说，品种比起从前已经减少了。

　　餐厅老板是番禺的九哥屈慎宁，他为我们介绍的河鲜，是我们之前未曾见过的。

　　他介绍了田钉鱼，外形像一个钉子而得名。此鱼其身形十分细小，又叫"田蚊"，可将整尾鱼去蒸或煎，加以凉瓜炒了一道钉鱼炒凉瓜，甘香可口。

　　接着有蛇更，身形长长的，样子有点像蛇，有去瘀的功效，产后的妇女会用它来炖酒，又加入一些姜丝来吃。我们这次试了黄酒炖蛇更，炖的时候连内脏都可以保留，吃起来又甘又苦的，很好吃。

　　另一种马齐鱼，肚内多卵，以前的沙湾人最喜欢吃。以前沙湾的有钱人因抽鸦片就容易便秘，以马齐子晒干夹荸荠吃，有助肠胃畅通。马齐鱼子拌荸荠，吃起来有点像台湾岛鱼子的味道，但台湾人夹的是葡萄，比不上夹荸荠爽脆。

　　再试了马齐酿通菜，以马齐鱼的鱼胶酿入通菜的茎，别有心思，又很花功夫。

　　最后，我们试了杞子蒸花跳，花跳鱼是一种滩涂鱼，在台湾也有，身形很小但有很多卵，而且别小看它身形小，它的肉质可以说是所有鱼当中最好的。

　　一顿河鲜宴，叫我们大开眼界，原来河鲜有这么多品种，而且还有各种不同的吃法，真叫人回味。

海岛渔邨
地址：中国广州番禺区石楼镇江鸥村横堤

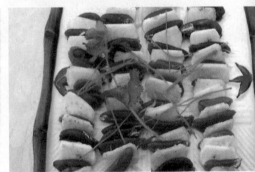

香港大排档风味及街头小吃

游客来香港都会找大排档，所以说大排档是最能代表香港的，是香港的特色，我们应该好好保留这个文化。

蔡澜

大排档的传统风味

今时今日，大排档可说是近乎绝迹，为数不多的摊档，在中环、上环和深水埗可以找到。在20世纪70~80年代，大排档是一般市民吃喝的地方，最主要是价钱大众化，当年周围都是大排档，街头巷尾就有三四档，找吃总不困难。

【盛记大排档】

算起来，全港只剩下28家大牌档。大排档最重要的就是火候，火候够就是大排档的特点。盛记大排档，有40多年历史了，档主用的炉从1948年到现在都没有变动过，他们辛勤经营到现在，靠的是一份坚持。

我们先叫个凉瓜炒牛肉，师傅在锅中放油将豆豉炒香，加入牛肉略炒，加水，再放入凉瓜，拿锅盖盖一下，加些酱油、浓酱油煮即可，最后甩一下锅，大功告成，镬气十足。

之后师傅用两个锅一起煮，一边是大眼鸡番茄汤，一边是红烧大鱼头。首先爆一爆大眼鸡，然后放入番茄、豆腐，加水滚一下即成，汤好像雪一样白，因为猛火的关系，火一猛，鱼汤就变白，加点油、盐和葱，煮一个汤不到3分钟就完成了。

另一边锅用来炸鱼头。鱼头开边略斩，沾点粉放入滚油中炸，碟底放上炸好的豆腐，鱼头炸好后放在上面，最后放些炒肉丝即成。地道又好味，真是非常精彩。

Amanda S.以为大排档是光吃炒面、炒饭之类，原来有汤有菜，没想过跟餐厅一样，其实大排档什么东西都能吃得到。我们刚走过大排档时，嗅到一股火水（"火水"是一种液体燃料）味，大排档仍然用火水煮食，一切都没有改变过。

许多游客来香港都会找大排档，所以说大排档是最能代表香港的，是香港的特色，我们应该好好保留这个文化。

盛记大排档
地址：中环士丹利街82号9～10号铺
电话：00852 25415678

【东宝小馆】

　　说到大排档，有些转为地铺，有些却搬进了街市的熟食中心内，东宝小馆是其中做得最出色又出名的一家，连外国的《时代》杂志也介绍过。

　　这里每晚都有很多人，非常热闹，这里的其中一个特色，就是用碗来喝酒，档主将碗放在冰箱里面冷藏，再用来盛酒，这样用碗来喝酒很豪气，也很有特色。

　　Amanda S. 想起她当年在美国读书时，也是用碗来喝酒的。这家档主以前在西餐厅里工作过，他将外国的元素，加上中国的文化，这种fusion是可以接受的。

　　我喜欢走进厨房的心脏地带，看师傅煮菜更是别开生面。我们先试的是墨汁面墨鱼丸，材料有墨鱼胶、墨鱼汁、意大利面和上汤，将墨鱼胶打至成浆，用手搓匀，放入新鲜的墨汁，打至起胶为止，然后挤出墨鱼丸来。

　　将意大利面下锅，倒入墨汁炒好上碟，再把墨鱼丸放油里炸，捞起后回锅，加上汤、芡汁略炒，淋在意大利面上即成。这道菜煮了约10分钟，不能卖多少钱，这都是功夫钱。

　　墨汁意粉是意大利菜，一般是在搓面时加入墨汁，而不是边煮边加的，不过把墨汁加进墨鱼丸里，意大利人绝对想不出来，中国人很少吃黑漆漆的食物，人们觉得很好奇，吃了牙齿也变黑了，很有趣。

　　我们还叫了吊桶春滑蛋，将吊桶春（即墨鱼的卵子）拿去泡油，接着炒一只蛋再倒入吊桶春，用猛火兜炒几分钟就可以上碟。这是非常传统的中国菜，本来是虾仁炒蛋，他却用墨鱼的卵子来炒，口感很像墨鱼丸，不过我还是觉得虾仁炒蛋好吃些。

　　又来一道特色菜芋头煮花蟹，将花蟹泡油后捞起，锅中放入椰汁和奶，再放入芋头，将它压成蓉后倒入花蟹炒匀，大功告成。这是传统的炒蟹，花蟹用芋头去炒，芋头很香的，这道菜也是大厨自己发明的，芋头做得不错，挺好吃。

　　我最爱的是炸榴莲，材料是榴莲浆和菠菜皮，将榴莲浆放入菠菜皮中央，好像包云吞一样，包成一个个小荷包，再放入滚油中炸即可。当然以炸榴莲佐酒是最佳的搭配。

东宝小馆
地址：北角渣华道市政大厦熟食中心2楼
电话：00852 28809399

【小菜王】

　　大排档的门口规定只能放5张桌子，这是政府在几十年前的想法，店家就把前后左右的店租下来，店里面有冷气开放，设有中央空调，店与店之间的位置，也有火炉煮食，炒起菜来火光熊熊，自然吸引不少人来凑热闹。

　　这些小炒胜在有锅气，也是香港的特色，我希望这些经营大排档的人，可以一代传一代。现在档主的儿子关祖尧是第三代，问他想不想继续做下去，他说会先做自己想做的事情，到要他接棒的时候，他仍会乐意去做，算是尽一点绵力。

　　现在牌照可以一代传一代，我希望一直这样传下去，大家就有口福了。

　　香港人很怀念这些大排档，不发牌照是因为不卫生或者阻碍交通之故，不过在外国，一些发达的城市也有大排档，最典型的地方是日本九州的福冈，中州屋台街。日本人出名爱整洁，虽然有大排档，但他们是干干净净的。其实我们也可以这样做，香港的深水埗有大排档，都是干干净净的。我的想法是最好集中一个地方，全部都开大排档，可以有小炒、地方菜，甚至有新移民煮的菜，也可以卖其他不同的东西，譬如卖飞机榄，就在天水围搞一个大排档中心吧！

小菜王
地址：深水埗福荣街43号
电话：00852 27768380

【兰芳园】

兰芳园也是仅存的大排档之一，档口前保留了当年的矮凳，是以前的人蹲坐在那里吃饭用的，据说这里是丝袜奶茶的发祥地。

大排档前铺后居，档主两兄弟，林俊忠是哥哥，12岁开始跟随父亲学习冲丝袜奶茶，到现在，水准依然，至今在大排档工作超过40年，弟弟林俊业，主理对外事务，跟大哥一样，一心想保留大排档的独有文化。

所谓丝袜，并非真正的丝袜，这种冲奶茶的布袋，新的话是白色的，用过的就会变成茶色，样子像丝袜一样。将放有茶叶的丝袜奶茶袋放进大茶壶内，冲入开水，拿起茶叶放入一空水壶，将之前冲出的茶再次冲入茶叶袋，叫做"撞茶"，为了用开水将茶叶弄得均匀一点，把茶叶连茶拿去再煮沸，煮第三次时可以看到茶叶差不多完全沉淀了。在杯中放入奶，分量大约是杯子的1/5，接着把茶倒入，一杯香浓的奶茶就完成了。

这里的冻奶茶也很特别，它的冰也是用奶茶做的，即使融化了，仍然保持着奶茶的味道而不会变淡，这种奶茶冰真好，我赞成这么做，冻咖啡也可以这么做嘛。

除了丝袜奶茶外，煎三文治也很出名，因为林爸爸喜欢这么吃而做成的，做法是在平底锅中放少许油，把三文治的面包煎成金黄色。可惜现在不卖这个了，因为花时间，我总觉得如果用心一点，弄一个炭炉，把面包夹住来烘，也是可行的，而且很有卖点。香港人很忙，但应该不会忙碌得连这个做法也失传吧！

虽说是大排档，但剩下的不多，都搬进店里，因为客人大多要求空调，香港人的生活条件提高了，也是大排档式微的原因之一，不管怎样，每家店还是要有一个主角，一样东西做得好，才可以生存下来。

一杯历久不衰的丝袜奶茶，令很多香港人和游客慕名而来，缅怀昔日的风味。

兰芳园
地址：中环结志街2号
电话：00852 25443895

【太兴烧味】

　　自从大排档搬进店里后，大多数都会转用新的经营方式，从大排档转到茶餐厅，但怎么突围而出呢？这家店的冰镇奶茶，把一杯奶茶放进载满冰块的玻璃兜里，样子摆出来已经吓唬人，不过很好看，喝来不错。如果把冰块放进奶茶里，奶茶就会变淡了，所以这个做法很聪明，可以保留奶茶最原始的味道。

　　这家餐厅的奶茶，已经发展到出产罐装，而生产奶茶亦已经系统化，究竟制作冰镇奶茶，是怎样做到系统化呢？

　　原来是用机器操作，4个炉子一起煮茶，由按钮操作，监控着煮茶的时间，时间到了，就人手将茶过滤到另一边做原冻茶，加奶的分量也是有标准的，糖和奶也已经预先混合在一起。

　　在水壶内放入同等分量的奶后冲入茶，待凉了以后会倒进大胶水壶中，注满一壶又一壶，盖好之后就打上日期，然后放进冰箱里冷藏8小时；最后一个步骤就是入杯，一杯一杯的冰镇奶茶就完成了。

太兴烧味
地址：九龙湾MegaBox 10楼7号铺
电话：00852 23590138

【维记咖啡粉面】

70～80年的大排档，除了小炒之外，咖啡、奶茶也是当时大排档的主流，现在已经给茶餐厅取代了。

深水埗的餐厅林林总总，真是什么餐厅都有，以前全部都是大排档，政府不再发牌后，大伙儿都给赶了进店里去，就变成了茶餐厅，每一家茶餐厅都有自己的特色，维记咖啡粉面有一样东西做得很出色，就是招牌菜猪䐟面。

这家餐厅里挤满了人，都是想吃那碗出色的猪䐟面，我曾进入厨房看过制作过程，师傅将一个面放入滚水中，加入猪䐟，滚一下翻两下，一下子就煮好热乎乎、香喷喷的一碗猪䐟面。师傅又说他一天要煮800～1000碗，他们有3家店，一家1000碗，那三家岂不是3000碗？

这碗猪䐟面的做法很简单，但猪䐟煮得不好的话，会有一阵异味。一条街最少有十几家茶餐厅，我没一家家都去吃过，这么多茶餐厅，为什么这家的生意特别好呢？一切都因为有主角，这碗简单的猪䐟面就是主角，煮法简单，味道煮得出色，就可以生存下来，后来开了一家又一家，其实只要专注地做好一件事，已经足够了，因为做好一件事也是不简单的。

做得好的话，人人都来吃，就像这家店，连原来的曾特首也来吃过。

维记咖啡粉面
地址：深水埗福荣街62号及66号地下
电话：00852 23876515

【九记牛腩】

如何煮牛腩才好吃？这家店经常大排长龙，就是专卖牛腩。

潘国兴是九记牛腩的第二代传人，继承父业，专注烹调牛腩超过30年，不但保持家传牛腩的神髓，更加不断改进，精益求精，期望将家传制法薪火相传。

每天早上10点左右，他会回到店里，预备煮第一轮的牛腩。首先把差不多半头牛的一块牛腩解开，大概有30多斤。煮的过程中先加入中药，再放入50～70斤的牛骨去熬汤，熬汤底的锅几乎跟人一样高，每天煮两次，全天就沿用这些汤做汤底，原汁原味。

清汤牛腩面里都是腩肉，腩肉是在骨头旁边带点脂肪、带点筋又带点肉的一块，一大块放下去大锅里煮，再拿出来切，煮出来的汤就是面里的汤。崩沙腩很好吃，它前面一定有一块肥的，样子没坑腩那么好看，却是我的至爱。咖喱牛筋里的咖喱跟澳门的一样辣，看到已经很刺激。

其实外国也有一些红焖、红烧牛腩，却没有像我们这样，仔细地分不同部位去煮。有外国朋友来香港，第一样是问吃的，我会带他们来吃九记牛腩。我到外国也会想念这里的牛腩。

20世纪30年代，潘老先生在对面的位置开大排档，后来才搬过来店里，潘先生继承父业做了30多年，也有了孩子，但问到他们会否继承父业，潘先生说孩子还小，又嫌要长时间工作，不想继续做下去，希望他们多读点书后会了解爸爸的辛苦，将这块招牌传下去。

如果子女不做，以后的年轻一代就没得吃了，相信很多人也会像我一样感到很失落，希望他们可以一直做下去。

九记牛腩
地址：中环歌赋街21号地下

【新兴文记牛肉】

解牛有法

很多人从小到大吃牛肉，不过都不知道哪个部分最好吃，我和苏玉华一起去看看一头牛究竟可以宰出多少部分。

通常在肉店里看到的已经是一块块的牛肉，苏玉华是第一次看见半头牛，看到解牛的刀那么小就感到十分惊讶。其实解牛用的是一把很小的刀，庖丁解牛就是这么一回事。刀子很小，而且用了几十年都不会损耗，肯定是顺应纹理来解牛。

新兴文记牛肉的档主文锐辉师傅为我们解说，原来肥牛并不是每头牛都有的，要在肥的牛的后腿部分才有；牛肉里有一块叫做"封门柳"，这块拿来炒最好吃，因为够爽、够肥、够甜，一头牛只有一条，叫做"封门"的原因，是因为它就在牛的中央位置，会吃的人就会要这个部分。

牛姜是长在喉咙的一条，很有嚼劲，一般到大排档去，都会在一碗里面切两块给人家吃的，口感好像橡皮的一块东西，很有弹性。

牛腩也有很多不同的位置，一条一条的排骨，中间的肉馅进去像一条坑似的，所以这部分的叫坑腩，爽腩名副其实十分爽脆，崩沙腩则是最好吃的。

新兴文记牛肉
地址：九龙城衙前塱道80号地下
电话：00852 27811778

【蛇王芬】

吃蛇是香港文化之一，这家店从街边档做到小菜馆，招牌菜是蛇羹。

我们吃太子烩五蛇羹，吃的时候，一般会放些绿色的柠檬叶，它跟蛇羹配合得天衣无缝，另外还可加薄脆吃。这家做得很出名，就一代传一代地做下去。

店里更创出腽肠饭再配汤，肠味很浓，真是与众不同。特别是肠衣，又薄又脆，由具经验的师傅选购的，一买就300～500斤，一做完，要晒两年才拿出来，需花很多功夫才可以吃得到。

店主吴太太是食店的第三代传人，在香港，已经做了70年了，以前在机利文街做路边档。女儿吴翠宝小姐是第四代传人，她仍愿意做下去，大家就有口福了。

几十年来的水准没有变，跟以前都是一样，非常难得。

蛇王芬
地址：中环阁麟街30号地下
电话：00852 25431032

街头小吃

【太安楼小食】

　　街头小食是香港一种独特的饮食文化，人们在街头吃过三四档小食之后，就当一顿饭了。不过时至今日，这些车仔档都已转为街铺。

　　20世纪70～80年代，香港出现过很多车仔档小贩，自从政府不再发小贩拍照之后，他们就搬进了大厦或铺头里面，但是仍然保留用有辘手推车的特色以及传统的做法，也有加入新的元素，譬如日式章鱼烧和台式饮品，变化层出不穷。

　　在卖牛杂的店铺，我们能吃到以前推车仔卖的牛杂、柚子皮、牛心蒂、脆骨等，盛载的碟子也是以前家用的搪瓷碟，非常怀旧。

　　走到炸大肠档，炸大肠其实是一条套一条，套完一条再套一条，套上好几条后，切开就看到里面有好几层，是炸完又炸、炸完再制作成的，因为要炸几次才会够香够脆，很考功夫，而且非常肥美，最合我心意。

　　香喷喷的鸳鸯肠糯米饭，苏玉华说小时候每天早上都会吃上一碗才去上学的，Amanda S.则对其中的腊肠情有独钟。天气冷的时候，都会让人想起这个糯米饭，一想起来就有温暖的感觉。

　　车仔面，以前是推在马路边卖的，现在也在大厦里面了，不过还保留手推车的特色，车上的一格一格，里面种类繁多的食材，才是车仔面的精髓。

　　想要什么都可以叫来吃。以前吃车仔面都用普通筷子，大家说不卫生，就在汤里洗一洗，但洗过的汤又拿来喝，不过没听说有人吃了以后会生病的。

太安楼小食
地址：西湾河筲箕湾道57～87号太安楼地下

【利强记北角鸡蛋仔】

　　鸡蛋仔是香港很典型的街头小食之一，为了买鸡蛋仔，这家店面前总是排长龙，店内只有三四个机器，不管什么名人来也要等，原来的曾特首来亦然，很公平的，我也宁可等，不愿插队，终于轮到我们了！买鸡蛋仔的时候，竟然碰到倪匡兄，原来他是住在附近的街坊，说每天经过这里都要排队，总是买不到，今次我买给他吃。

　　吃鸡蛋仔要趁热，冷了就不好吃。打开里面有不同的两层，外层是香脆的，内层是有嚼劲的，我们四人一起分享，Amanda S. 连声说好，最后一颗倪匡兄就留给她了。

利强记北角鸡蛋仔
地址：北角英皇道492号
电话：00852 64916905

【花胶翅】

　　吃过又香又脆的鸡蛋仔后，我们到邻铺尝尝非常美味的碗仔翅，Amanda S. 还以为是真的翅，不过假得也真像，10块钱一大碗的便宜货，也做得很有诚意，碗仔翅里头放了火腿、木耳、冬菇、花胶和人造翅，用料十足，真材实料，不下味精，比起很多大酒楼的汤底做得更认真。

　　吃一口已经很惊喜，汤清又鲜甜，茨薄不浆喉，虽然是人造翅，但这个比起吃下等翅更有意思。

花胶翅
地址：北角英皇道492号
电话：00852 93644003

【美味食店】

　　这家店的臭豆腐是全香港最臭的，给食环署和周围的店铺投诉、控告，总之什么事都发生过，但仍然坚持，能有多臭就做多臭，远远就嗅到很浓的味道。一块臭豆腐，放进滚油中炸两三分钟就好了，被投诉得太多，店家很有经验，现在的设备很好，油锅上有强劲的抽气系统，把味道抽走，所以周围的人就不会觉得臭了，但我们吃的时候还是臭的，吃起来越臭越开心。

　　门口摆着三个漱口缸，装着不同的酱料，有甜酱、豆瓣酱、酸辣酱，客人按自己的口味涂在臭豆腐上面吃，方法是先把豆腐翻开，把酱料涂在里面。

　　所有的东西能令味觉发挥到极致就算好吃，介乎中间的就不算好吃，不臭的臭豆腐就不要去吃。

　　除了臭豆腐，鱼肉汤和碗仔翅也是店里的名菜，前者用鲮鱼浆搓成榄形长条，后者当然不是什么真正的鱼翅，但是这些街边小食，比什么鲍参翅肚更佳，最好吃，是配上特制的榨菜，一碗碗仔翅一下子吃光。

　　该店以卖炸大肠出名，现买现炸现切，才够香脆。

　　怕热气的话，吃完可来一杯崩大碗，包保不会喉咙痛。

　　店内还有冰镇八爪鱼、卤水、生肠、猪耳，都是怀旧的食物。

美味食店
地址：旺角水渠道30号
电话：00852 21427468

隐匿香港的
中国味道

　　我不明白为什么大家要发明新的菜式，而不重拾那些旧的菜式？其实旧的菜式是一个很大的宝藏，你去发掘的话，总能把它们找出来。

　　　　　　　　蔡澜

沪菜汇点

　　香港汇聚各地名菜，如上海菜、杭州菜、山东菜、北京菜，全是最精彩、最正宗的口味。说到上海菜，肯定要找倪匡兄这个宁波人一起吃，连倪匡兄也说："吃上海菜还是在香港好，香港的上海菜认真不错！"

【上海总会】

　　上海总会是一家会员制的高级食府，开业已经有30年，大厨是上海人，煮出传统而正宗口味的菜式，深得一众食客的赞赏，我和倪匡兄也是这里的常客。

　　上海菜很少听说有鱼翅，但上海总会在香港独创了一道肘子翅，又叫"火膧鸡炖大排翅"，火膧即是火腿的小腿，这道菜已风行全世界。

　　先上桌是酱炒六月黄金糕即是酱炒大闸蟹，这种炒年糕是一种新发明，味道不错。

　　又叫了腌笃鲜，腌笃鲜是上海话，腌是咸肉，鲜是鲜肉，笃是用文火去煮，咸肉加上鲜肉，是非常地道的菜。

　　来一道很古老的菜式大汤黄花鱼，记得以前倪匡兄在上海时，一群黄鱼游过来的时候，海水都被遮掩着，看不到海水，只看到一片金黄色，渔船也不敢上前捕捉，待它们经过后，才跟着后面捕捉，现在竟然会吃到绝种，真是可惜。

　　有一道历史悠久的菜叫"田螺塞肉"，由于现在不是季节，只有用法国田螺代替，内里塞满田螺肉、猪肉、荸荠粒、冬菇等材料。

　　我们还试了烟熏蛋，这蛋最难做，倪匡兄尝试过几百次也失败。蛋要煮到半生不熟，蛋白熟、蛋黄不熟的状态，然后拿去稍微烟熏，熏的时间不能太长，蛋的外层会留下烟熏的颜色，蛋黄仍维持未熟的状态，烟熏的时候下面有时会放糖、茶叶，如果不放茶叶也可放木碎。

　　最后是这家店的招牌甜品南瓜红米八宝饭，将八宝饭放入南瓜里面烤，八宝有莲子、瓜子仁、樱桃、小番茄等材料，把八宝放在瓜顶部排列成有序的图案，颜色鲜艳，还用绳子压出南瓜形及瓜纹，卖相相当吸引人。

上海总会
地址：中环云咸街1号南华大厦1-3字楼

【上海鹭鹭酒家】

上海菜的特点是又甜又咸又多油，即所谓浓油赤酱，浓油是用很多的油，赤酱是用很多的酱油、酱料，而且味道浓。现在的上海菜已经改变了，不用油、不用酱，也不用猪油来煮了。

我们没办法返回那个浓油赤酱的时代，唯有自己想办法，好像传统的葱油拌面，这个面很简单，将葱爆至有点焦，再跟面拌在一起，吃的时候就点一个红烧元蹄，元蹄碟下面有很多猪油，把猪油淋上面，就是原汁原味的葱油拌面了。

先来个蛋黄虾，将河虾用盐调味，用蛋白和生粉上浆，再放在沸油里略泡捞起，咸蛋黄炒匀，虾放进去，略炒就可以上碟了。

这里的招牌菜红烧元蹄，材料不多，只要将元蹄放入加了姜、葱、浓酱油等调味料的卤水里面，煮至少4个小时就完成了，味道一流。

有一道由宁波发展而来的木鱼红烧肉，用蜜豆来炒肥猪肉，做法简单，却体现了上海菜浓油赤酱的精髓，将红烧肉和木鱼预先用浓酱油、花雕酒等材料上色，再下锅加入浓酱油、糖和上汤，焖约10分钟，再回锅煮一下，自然色香味俱全了。

最后上桌的是萝卜丝鲫鱼汤，把鲫鱼和萝卜一起熬，Amanda S. 喜欢汤里有萝卜，觉得是萝卜令汤有甜甜的味道，但其实萝卜和鱼两样本身都很甜，熬出来的汤呈奶白色，又鲜又甜。

上海鹭鹭酒家
地址：湾仔摩理臣山道23号南洋酒店地库

【鼎泰丰】

鼎泰丰是一家以小笼包见称的店铺，这家人气店，每到繁忙时间，必定挤满了人。这里的制度和台湾老店一样，客人现行排队，拿单子勾画点心，点好菜后交给服务生，一进去坐下就可以吃。

几年前，香港开了一家分店，一开业就有很多客人排队，生意好得不得了，一个小笼包有多重、有多少道褶都计算得清清楚楚，非常讲究，完全依照规定来做。

老板新来的时候，店内有20多位的楼面，全都是在台湾训练过，店里的师傅也有20多位，现在虽然也有一些楼面小姐是香港人，不过也训练得好像台湾人一般，我觉得这个制度应该要好好学习，把人家好的制度保留下来。

一进门，两面的楼面小姐夹道高呼："你好，里面请！"为了保持食物的质素，师傅都会依足老店的步骤和标准去做。

小笼包的制作

　　1. 将粉团逐个称一称，务求每颗都是5克；

　　2. 厨房里有十几个师傅一起分工，首先会将粉团擀薄，再将猪肉为主的馅料放在皮中间，接着再量重量，标准是21克；

　　3. 最考功夫的步骤是褶皮，每一个都一定要有18道褶，多一褶少一褶都不可以，包好后，放入蒸笼内蒸。

在洛杉矶、日本等地，鼎泰丰总共开了17家分店，倪匡兄说它只有一味而已，有什么学问呢？其实学问很大，连多少褶、皮有多少克有多厚都计算得清清楚楚，还敢向上海本土挑战，虽然未必比得上本土的出色，但却令全世界的人都认识它。

热呼呼出笼的小笼包，一筷子戳开就看到热汤流出，香气四溢，还保持了和台湾老店一样的味道。其实老店还有一种小汤包，好像鱼丸一样大小，里面有汤，这个很难做，在台湾，星期六早上才能吃到，可惜在香港就吃不到了，不过可以吃到这么高水准的食物，还是感到幸福了。

鼎泰丰
地址：尖沙咀新港中心3楼C130铺
电话：00852 27306928

【天香楼】

除了上海菜，香港人还爱吃杭州菜，天香楼是城中著名的杭州菜馆，是有54年历史的老字号，店铺细小、装潢简朴，墙上挂有名家的字画，店面格局亦十年如一日，至于菜式方面，有不少是我的最爱，今次与苏玉华、Amanda S.和老友倪匡兄一起叹名菜。这么好的菜只有在香港才能享受到，我到杭州吃遍杭州菜，都不及这里的好吃。

吃杭州菜，免不了喝龙井、嗑白瓜子，在这里，只要一尝就知道与众不同了。日本人吃饭，泡菜最后才跟白饭一起上桌，而杭州菜，泡菜是当成开胃菜先吃，店家自制的酱萝卜，咸咸的，还有花椒的味道，很好吃。

头盘由一种叫"马兰头"的野菜制作，将马兰头和豆腐干一起切得很细碎，香味自然溢出。

首先上桌的是酱鸭，我最喜欢把脖子找出来吃，虽然很咸，但拿来佐酒最好。人家说动物活动最多的部分最好吃，而鸭脖子经常摆动，所以特别好吃，也不如一般人想象中无肉可吃；即使到了杭州，也找不到一家做酱鸭比这家好的。

接着是上汤咸肉塔菜，塔菜从前是冬天时才有的菜，现在一年到尾都可吃到，取它的中心部分，跟咸肉一起吃，非常甜美好吃。

之后有道蟹黄虾仁，清炒虾仁原是上海菜，本来是清炒或用龙井来炒，但他们也有新派，就是用蟹粉来炒。

永不失败的名菜有烟熏田鸡腿，上海人把田鸡叫做"樱桃"，田鸡的小腿里面有颗圆圆的、胀鼓鼓的部分，好像樱桃一般，这颗"樱桃"很嫩，可称天下美味。

令人垂涎的是东坡肉，用一个陶盅蒸出来，已走油，一点也不肥腻，吃过他们的东坡肉，其他地方的就逊色了。东坡肉这名字是来自中国著名诗人苏东坡，他很喜欢吃这道菜，我在杭州，也吃不到这道出名的杭州菜了。

那一大锅的云吞鸭，用了整只鸭子和一大块金华火腿熬出来，放在砂锅里上桌后，只见一大块肉色的金华火腿切片铺列锅中，两旁加入店家自制的鱼丸，这种鱼丸是以鱼肉和蛋白打出来的，吃起来软绵绵的有如豆腐一样。它们一个一个好像白色的棉花糖浮在汤面，跟嫩绿的菜叶互相映衬，光看颜色便已十分吸引，翻到底部就可看见整只鸭子，吃的时候把灼好的云吞放进去，我想这是全世界最豪华的云吞了。

天香楼
地址：尖沙咀柯士甸路18号C侨丰大厦地下

【上海新三阳南货】

在香港，很多人喜欢吃上海菜，提起小笼包、锅贴、素包等包点，大家都会回味无穷，不过想吃上海菜，最好是自己买材料去煮，出名的老字号上海新三阳，有售上海菜鹅等主要食材。在香港做上海菜的话，什么材料都可以马上买到，而且非常新鲜，例如冬笋、茭笋、金华火腿、咸肉等等。香港有不少上海人，六七十年代，大批上海人来港，现在上海菜煮得好吃的反而是家庭主妇。

咸肉一般被台湾人混淆是金华火腿，其实两者有所不同，咸肉以盐腌制而成，颜色较浅；金华火腿要经过风干和腌制，过程复杂，好的金华火腿，一劈开便可闻到浓郁的香味，却不能生吃。意大利人也吃类似的火腿，他们有两种，一种是北方的，类似金华火腿；一种是南方的帕尔马，比较咸而且切得很薄，都是可以生吃的，一般与面包或水果同吃。

店内货品种类繁多，应有尽有，还有售卖小吃，例如卤水鸭肾，切成薄片就可以吃。高高挂着的扁尖笋，用作熬汤，很好吃。

上海人很爱吃糯米做的甜品，店内有豆沙饼，内包有红豆蓉，美味而且有嚼劲；又有粽子，其实上海人吃的粽是来自上海附近的湖州，湖州粽子和广东粽子略有不同：形状方面，湖州粽包得大大个，犹如枕头一样的形状，馅料包括绿豆、瘦肉、蛋黄、火腿、肥猪肉等；广东粽则是四方形的。

上海新三阳南货
地址：九龙城侯王道49号

京菜汇点

【胡同】

　　这间北京菜馆的装潢摆设像北京的胡同一样，古朴怀旧的木门和天花板、木制桌椅、木制雕花屏风、顶上挂满一个个鸟笼，还有碗碟，全都古色古香，别具特色，令人赏心悦目。

　　这些环境和食物都是比较新派，若带外国朋友来，他们肯定会喜欢。我并不反对新派的菜，最主要是要做得好。例如这里的京烧羊肉，是经过演变的，但他们也做得非常地道，赤红色的皮，让人垂涎。广东人喜欢吃山羊，北方人爱吃绵羊，成年的绵羊膻味比较浓，很多人都接受不了，这里的羊肉经炸过后膻味不强。不管怎样改变也好，最关键的是好不好吃。

　　有一道"圣旨到"，这道菜取蛏子的发音为名。北京虽然不靠近海，但这道菜的蛏子其实是来自海里的，他们用京菜酱汁来做，肥大的蛏子被煮得离壳，排列在精致的碟中，浸在浓汁中，上面还淋上辣酱和蒜泥，卖相吸引。

一道北京冻豆腐，主要材料其实是豆腐，加上雪里红煮成，既地道又简单的一道菜，值得一吃。

接着叫了涮羊汤，用羊肉煮成的汤，喝起来有点奶味，是我很喜欢的一道汤。

最后来了一碗虾面，将河虾熬汤入面，味道鲜甜。

这家店的装潢影响到北京、上海也跟风效仿，充满了古朴风韵的设计，简单又顺眼，各方面都很有韵味，地方、食物、表达方式等都摆脱了传统，别具一格。

胡同
地址：尖沙咀北京道1号28楼

【京香饺】

　　其实北京菜是从鲁菜即山东菜而来，一说起山东菜，首先想起饺子，先尝这店出名的羊肉饺。饺子最重要的是那张皮，在北方，皮会厚一点，到南方以后，就渐渐越做越薄了，变成了馄饨皮，馄饨也是由此演化而来的。山东的另一个特色就是面，这里的师傅会打面、拉面、甩面，现叫现做。

　　店里有不少食物是用羊肉制成，北方有很多羊，北方人也很爱吃羊肉。这里的主理人是毕贝明夫妇，毕先生是山东包点师傅，制作山东正宗美食，从山东来港10多年开这家小店，是想食客可以吃到真正的山东风味。太太也姓毕，是同姓人，叫毕贝岭，听起来像兄妹。他们坚持传统，自家制作山东饺子，平日毕先生负责拉面，毕太太负责包饺子，他们用心去煮，也希望大家用心品尝。毕先生是1958年来港，经营这家小店要靠家里的人帮忙，没有家人的帮忙根本做不下去，现在面粉、油等一切都贵了，毕先生表示尽量不要涨价，小店开业至今3年，店里卖的东西只涨了两块钱，我相信这样有良心的人，做出来的东西一定好吃。

　　这家店出名是改良的炸酱面，本来是乌黑色的，不过现在到北京去吃不到那种正宗的面了，黑色的那种用的材料有洋葱、肉碎、肥猪肉等，后来就改加入海参等材料了。

　　接着叫了山东大包，里面的馅料其实非常松软，有粉丝、木耳、肉碎、芫荽等。

京香饺
地址：中环坚道102号地下

【鹿鸣春】

如果要我选香港十大餐厅，"鹿鸣春"一定入选其中之一，它以京菜出名，其实沪菜风味多过京菜，开业至今已有接近40年，老店主已退休，现在由一群老伙计经营。

红烧元蹄大家吃得多，"干烧"的吃过没有？在鹿鸣春所做的元蹄可说是独一无二了。

一般的元蹄都用炖或者卤的方法，经过了再炸的程序后，脂肪在炖过、炸过之后，亦已经消失了。这道菜已经失传了，只有在这里可以吃到。我请北京的朋友来这里，他们也说是第一次吃。

我不明白为什么大家要发明新的菜式，而不重拾那些旧的菜式？其实旧的菜式是一个很大的宝藏，你去发掘的话，总能把他们找出来。

古法菜——干烧元蹄的制作

1. 生元蹄汆水后上色炸第一次；

2. 加入八角、姜、葱、桂皮卤1小时后再蒸3小时；

3. 把蒸好的元蹄，再上粉后放油锅里再炸一次，约几分钟即可，切片上碟。

先来个干烧二松冬笋合桃，除了二松，里面还有雪里红、鱼松、核桃等材料，全菜的灵魂就在爽甜的冬笋上，这道菜用来佐酒真是天下第一。

有一道叉子烧饼，烧饼像一个眼镜袋，馅料有两款，一是榨菜肉末，二是干烧牛肉，随客人喜欢而作搭配，秘诀是塞得越多越好吃。

再来烤北京填鸭，做得比北京的精彩，很多北京的朋友来吃北京填鸭，都说这里比北京的好吃。我想是北京那边普遍大量制作，又喜欢创新，将鸭皮烤至像广东人的烧猪那样起泡，但我却爱吃传统的。

我请法国人来吃，他们觉得这样煮鸭肝也很好吃。

山东大包，名副其实的大包，比我的手掌还大，我去山东也没有吃过这么大的包，虽然大，但里面有松软又清香的馅料，不会太腻，一大个一下子就吃完了。

鹿鸣春
地址：尖沙咀么地道42号二楼

北方火锅

【方荣记】

在香港，说到火锅，真是包罗万有，有广东的沙爹火锅、北京的涮羊肉火锅、四川的麻辣火锅、日本的日式火锅、韩国的韩式火锅、瑞士的芝士火锅等等，各具特色，各取所好。

火锅，我们又叫"打边炉"，大家围在炉边，把生的食物灼熟，有讲有笑，气氛非常热闹，这也是香港人喜欢吃火锅的原因。以前天气冷才会吃火锅，现在随时随地都可以吃。夏天的天气虽然热，但香港的店铺都会开空调，让大家一年四季都可以吃火锅。

广东人说吃火锅会热气，为消除这种心理障碍，可以加些萝卜。有了萝卜，汤就很甜，当然可以加些猪油，香味十足。

讲到本地火锅，我们去了一家老字号，这家火锅店的主角是肥牛肉，几十年来，店主方先生的妈妈都是一家又一家肉档去选。不是每头牛都有肥肉，选来的就最有保证了，吃起来一点渣也没有，是其他地方吃不到的。如果选的是沙爹锅，吃牛肉时就可以不用蘸酱料。如果牛肉切太薄，反而失却了牛肉的味道，这里的牛肉够厚，又不会太韧，一切都恰到好处。

这家出名的鲜鳗鱼片，我最喜欢，把整条鳗鱼切片，鱼刺都去掉了，很好吃。又有大鱼鱼头，连倪匡兄吃过都赞不绝口；我们常吃的桂花蚌，其实不是蚌，而是海参的肠，也令人回味无穷。

方荣记
地址：九龙城侯王道85～87号
电话：00852 23821788

【东来顺】

提到火锅，北方的涮羊肉你又怎能错过？有关涮羊肉的典故，就是元世祖忽必烈南下远征，想吃家乡的炖羊肉，突然军情有变，厨师只好把羊肉切片，用开水涮一涮，然后放一点酱油。忽必烈吃过后旗开得胜，后更以这种烹调方法来慰劳士兵。

涮羊肉的涮，普通话读shuàn，很多人都误读成"刷"。以前，我们吃涮羊肉时有几十种酱料，现在浓缩成几种，吃的时候，不免少了很多趣味。其中芝麻酱是主要的酱料，可说是涮羊肉的灵魂，由几种酱料及香草混合而成，其中韭菜花酱则是不可缺少的一种酱料。

这家的机切羊肉胚，十分讲究，用羊肉的最好5个部分压制而成，所以一口就可以吃到不同部分的羊肉。另有手切羊肉，是用羊最细嫩的后腿部分，脂肪比较少，而且没有羊膻味。其实吃羊肉应该有羊膻味才对，"膻"这个字用得并不恰当，应该说"羊"味才对。

东来顺
地址：尖沙咀么地道69号帝苑酒店B2层
电话：00852 27332020

【小肥羊】

　　现在的火锅，已经发展到一人一锅。锅子就藏在桌子下面，不用放得那么高，坐着吃很舒服。这家店的内蒙古极品和羊、樱花和牛、手切雪花肥牛都做得很出色；也有冰镇羊肉刺身，羊肉跟牛肉一样可以生吃。吃的时候可以蘸酱油，但不一定要蘸芥末，入口时有一种淡淡的羊奶香。这些肉来自羊背部最软的部分，一头羊最多只能切出二两肉。以前外国人做的鞑靼牛肉（Steak Tartare），就是用羊肉做的。中东人吃很多羊肉刺身，他们会放些橄榄油拌着吃。

　　这家店的功勳烤全羊，非常有特色。吃前有一个祝福的仪式，女侍应会打扮成蒙古少女给贵宾送上锦缎，再送上一杯羊奶酒。以前成吉思汗奖赏功臣或接待贵宾时才会做这道菜。这道菜的吃法像吃北京填鸭，用薄饼包些葱、黄瓜，然后蘸酱来吃。

小肥羊
地址：铜锣湾骆克道463～483号铜锣湾广场2期2楼
电话：00852 28938318

◎四川、云南菜

【大救驾】

　　香港人喜欢吃云南米线，已经流行了一阵子了，但是正宗的没几家。其实过桥米线是将生的材料，放进一碗汤里泡熟。汤从厨房拿出来，已经凉了，所以汤的表面有一层油，就可以保持汤的热度。现在的人很怕吃油，所以很多餐厅都不放油了，你拿过来，已经凉了，放生的东西进去，吃了就会拉肚子。其实油是用来保温的。

　　一碗汤来了，先放鹌鹑蛋，接着放生的肉，有鸡、猪腰等等，再放蔬菜、葱，最后放入米线。等一两分钟就可以吃了。

　　云南最出名的是"腾冲大救驾"。何为"大救驾"？当年吴三桂打入昆明时，追杀皇帝朱由榔。这个皇帝在逃命时，经过一条村子，叫村民尽快呈上食物。老百姓匆忙地用年糕、鸡蛋、红萝卜、腩肉、椰菜就炒成一碟。皇帝吃完后就称赞这道菜很好吃，就为这菜赐名为"大救驾"。

　　另一道八宝七星汽锅鸡，鸡放在锅边，烧了以后，汽从一个孔出来，将鸡焖熟。这种煮法是全世界独一无二的。

　　木瓜籽凉水亦是独一无二的云南饮品，木瓜籽是云南高原上的一种野生植物，泡进冷开水以后，就会自然分泌出果冻状的物体。这是天然的果冻，比人工果冻好很多。

大救驾
地址：旺角西洋菜南街107号
电话：00852 35808833

【云阳阁】

　　很多人认为四川菜都是辣的，其实不一定。我可以点出一桌12道四川菜，没有一道是辣的。可是我们做来做去，印象中却总是那几道菜，像回锅肉、灯影牛肉等。每间食店都有令人印象深刻的菜，这家店有独一无二的大刀金丝面，这个就不辣。这个面里没有别的材料，只有一点金华火腿丝，汤很细腻，是用上等的金华火腿和鸡熬成的。面不一定要大大碗，大大碗的吃饱了没印象，一小碗的味道好，反而令人印象深刻。

　　麻婆豆腐，每家店做的都不一样，没有相同的。怎样才是正宗的呢？真的就不得而知了，你自己吃了以后，觉得很合你的口味，这就是正宗了，其实是好主观的。此外，妈妈做的当然是最正宗的了。

云阳阁
地址：尖沙咀弥敦道132～134号美丽华商场4楼
电话：00852 23750800

麻婆豆腐的制作

　　1.首先豆腐要氽水，同时可以放一点盐。豆腐一定要切成小方块，会容易入味。

　　2.煮的时候，先放牛肉来炒，再下蒜泥、姜蓉和辣油。

　　3.混合后，放一点绍兴酒，煮一下，再放上汤。放入豆腐、蒜泥一起煮。

　　4.做芡，加一点辣椒油，上碟时撒上一点花椒粉。这样才是正宗的麻婆豆腐。

【咏藜园】

　　吃川菜，不期然令人想起担担面。咏藜园——这家老字号就是我的首选。

　　这店的老师傅谭双良先生有逾50年的做面经验，他将毕生的技术传给唯一的徒弟杨锦荣。凭他一人之力，每天亲手做出1800碗面，吃过的人都会赞不绝口，除了面质好外，当然少不了真材实料的汤底。

　　酱料和配料制作也是一丝不苟，加上熟练的煮面技术，一碗足以令香港人骄傲的担担面就做好了。

　　我对这碗面总是念念不忘的，其实担担面也是每家做的都不一样，什么叫做正宗？你做得好就是正宗了。

　　话说回来，还是这碗担担面，几十年来，由第一次到现在，味道都没有改变，真真不简单！

咏藜园
地址：红磡力德安街7号黄埔新天地黄埔花园8期106～107号铺
电话：00852 23206430

【满江红】

　　四川麻辣火锅，汤底上有一层红色的辣油，每次把食物放入口中就先麻后辣，令人好易吃上瘾，同时出一身汗！其实麻辣火锅的材料不止辣椒那么简单，要做到又麻又辣就是一种学问了。

　　四川火锅有很多酱料，可以自己调配，乍一眼看下去全是红色的，看起来已经很辣了。火锅里的内脏较多，在中国人的饮食文化中，内脏文化很发达，我们有很多食物都是有内脏的。英国人也会吃内脏，英国有一家餐厅，他们说由猪鼻到猪尾都可以吃。

　　这家火锅店的毛血旺猪脑火锅，里面有猪血、鸡血、猪脑、饺子、肉丸等。猪脑要慢慢吃才有味道，口感像鹅肝，但比鹅肝好吃。

　　香港人可以接受辣，但接受不了麻。如果可以接受麻的话，又是另外一个世界，因为麻有很多层次。

　　有人研究过解辣喝什么好，不是冰水或者茶，最好应该是喝奶，可以中和一下。其实吃麻辣火锅，不会麻到完全麻痹，如果跟其他食物一起吃时，麻的程度不会太厉害，只会越辣越刺激，令人越吃越多。

满江红
地址：尖沙咀加连威老道27号1楼及2楼
电话：00852 23120823

隐匿香港的国际味道

我不明白为什么大家要发明新的菜式，而不重拾那些旧的菜式？其实旧的菜式是一个很大的宝藏，你去发掘的话，总能把它们找出来。

蔡澜

东南亚菜

【金不换泰国餐厅】

我觉得金不换是泰国菜中做得最正宗，也是香港最好的一家泰国菜馆。这家菜馆装修别具泰国风情，老板和厨师都是泰国人，泰国菜也做得非常地道。我这位挑剔的老朋友开的店，所有的东西都要求严格，全都是泰式的，所选的材料亦非常正宗。

首先来个青芒丝炸鱼松，将鲶鱼的肉拆出来剁碎后，一大块再拿去炸得好像锅巴一样，出桌时下面还放油炸鱼皮，配上开胃的撒哈拉，用虾米、花生、葱、青芒丝、红葱头等材料做成。吃时嫌不够辣，可加上泰国菜馆必备的辣椒鱼露。

再来青胡椒猪颈肉，青胡椒是泰国菜常用的配料，新鲜的胡椒，气味辛辣之余，带有浓郁的香味，用来炒猪颈肉，就是正宗的泰国风味，青胡椒猪颈肉里一串串的青胡椒，可说是胡椒刺身，看似不显眼，但是咬一口，就是致命的辣。

咖喱放入南瓜蓉再加上海鲜拿去烤，把它当成咖喱酱般吃，非常好吃。

如果你去了金不换试新菜又忘了叫些什么，说"把蔡澜那家伙叫的那几样拿来吃就是"。

金不换
地址：红磡黄埔花园第4期德丰街地下B3

【金宝泰国餐厅】

　　金宝泰国菜馆的老板在同一条街上开了5家店，都是卖同样的货品，因为比较集中，打理较有效率，有问题可即时解决，我也觉得有道理。一家店，有一两道菜做得好，就足够赢尽口碑。

　　先来个活虾刺身，人家总以为日本人才吃生虾，其实泰国菜也有活虾，蘸的是酱油和芥末，这家店的活虾刺身配以蒜头、辣椒及泰式酱料，有红有绿的非常好看，虽然有点辣，但越辣越想吃，也吃得更多。

　　再来炸虾头，做刺身用了很多虾，剩下来的虾头拿去炸，做成炸虾头，用来送啤酒，真是一流。

　　辣椒膏炒蟹，将泰国辣椒膏、鱼露和糖放下锅子炒匀，然后将预先煮至半熟的蟹放进锅子里，猛火炒几分钟，炒至入味之后，加上青椒、洋葱等配料再炒一会儿即可。

　　这里的老板吴创木先生是我多年的朋友，他是柬埔寨华侨，有25年入厨经验，厨艺了得，经常自创新菜式及钻研烹调方法，不少菜式经他改良后，味道比传统的更胜一筹。

　　柬埔寨的食物很接近泰国菜，不过店里很多传统的泰国菜都经过吴先生的改良，好像泰国也有虾刺身，但做得不好，因为不懂得将虾急冻，经吴先生改良后先将虾剥壳，用盐水洗干净后，用冰块将虾身冷藏至变硬，这样放在嘴里就会爽脆，客人吃的时候才拿出来开边、去肠。

　　店里的酱汁，看似跟其他泰国菜馆无异，原来也有所不同，泰国菜的酱汁是咸、酸、辣到苦的，不是每个人都能承受，但吴先生做的则不会辣得受不了，他采用了内地的指天椒，没泰国的指天椒那么辣，比较适合香港人的口味。

金宝泰国餐厅
地址：九龙城衙前塱道15号地下

【昌发泰国粉面屋】

　　不同地区的泰国菜口味都略不同，这家泰国菜馆，主打的是清迈口味的街头粉面。这家店做的面食非常地道，连曼谷街头的小吃也能吃到，有的像苏玉华般不敢在泰国街头乱吃东西的人，到这里绝对可以放心。在香港，可以吃到泰国最地道的味道，实在难得。

　　当然首选的是游船河，用猪血来做个浓甜汤底，配一些肉丸、猪胭（即猪肝），上面撒了九层塔，味道更上一层楼，充满泰国街头的风味，香浓美味。

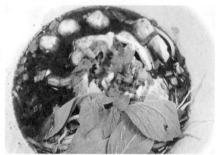

　　吃捞面的话，非加辣椒鱼露不可，这一家人用的面条比其他店粗，由泰国进口，与广东银丝面有别。干捞面，泰文的面叫"ma"，干叫"heang"，干捞面就是"ma mee heang"，在泰国街头25泰铢就可以吃到。里面有很多配料，有猪胭、肉碎等材料，这些材料白灼后没有拌过，保留了食物的原汁原味，吃时可按个人喜好放入一点辣椒。

　　有一道特色的彩虹汤河，将南乳汁加到汤里，呈现红色，做成了彩虹汤河，泰国人受了潮州人的影响，面里也会放入鱼丸及鱼露。

　　这里的卤猪手一向有水准，五香粉下得比香港潮州人的重手许多，爱上了就觉得潮州卤水不够味。

昌发泰国粉面屋
地址：九龙城南道25～27号

【昌泰超级市场】

　　九龙城有"小泰国"之称，这区泰国菜馆林立，对于热爱泰国口味的人来说，简直是美食天堂，除了泰国菜馆之外，九龙城也是泰国杂货店的集中地。

　　常态超级市场是香港第一家开业的泰国杂货店，我的朋友林先生跟几个兄弟一起组织起来，开了这家什么都有卖的杂货店，每天有十几班飞机从泰国来香港，每趟都给他们带来材料，这里的东西是特别新鲜的，只要想到什么就有什么。

　　肉干类的小吃，不用亲自到曼谷，在这里就可以买到；店中出售的甜点，是店家让工厂自家制作的。我的最爱是泰国威士忌，其他外国的威士忌都是越老越好，泰国的却是出产日期越新鲜越好。

　　这里所有泰国食材都有售，例如指天椒、香芋、南姜、迷你小甜瓜、四角豆，还有皱皮柠檬，如果头皮觉得痒的话，只要在洗头时把皱皮柠檬往头上磨几下，就绝对不会痒了；还有泰国的药品、洗发精、好吃的泰国即食面、充满泰国气息的衣服等等。假如骗老婆去了泰国，结果没去而是去了别处的人，可以到这里买东西骗骗老婆。

昌泰超级市场
地址：九龙城启德道25～29号地下

【黄珍珍泰国餐厅】

　　这餐馆位于九龙城，开业已经接近30年，其实它不是香港第一家泰国菜馆。由于九龙城以前靠近机场，有些泰国妇女嫁给了中国人，就在这里定居下来，泰国菜是由她们开始做的，邻近机场，如新鲜胡椒粒等材料运过来很方便。不过现在的泰国菜已经不是真正传统的泰国菜了，已经改良了。这里的老板在传统菜式上加入新元素，不断变化，务求做出最好的菜式。

　　首先是冬荫功浸海中霸，为了适应中国人的口味就没那么辣了，把传统味道的冬荫功加在红宝石的泰国鱼里，代替以前常用的乌头鱼。

　　蒜蓉青胡椒炒鸭舌，胡椒粒很辣，以前是用来炒野猪肉之类，现在却是用来炒鸭舌，这些材料是原有泰国菜中没有的，在泰国一般也没有吃鸭子，这道菜是变化而来的。

　　最具特色的是榴莲鲜虾炒饭，这道炒饭很特别，用榴莲炒饭不是人人会喜欢，将榴莲拆肉后用来炒饭，要炒得好吃，最重要是炒得干身，还要少油，最后放入榴莲肉，才不会炒得一团一团的。

　　说到榴莲，如果不喜欢吃的人，可以将榴莲剥壳后用玻璃纸包起来，放进冰格，拿出来吃的时候就没有那么浓的味道了，切成一片片来吃，像吃冰淇淋一样，慢慢吃着吃着就能接受了。

黄珍珍泰国菜馆
地址：九龙城打鼓岭道23号百营中
　　　心地库、地下及1楼
电话：00852 27166269

【SABAH】

马来西亚菜受马来、中国和印度的影响，在香港做得最正宗的就是湾仔的这家"莎巴"了。

在香港，我们还是可以吃到正宗的薄饼，真真难得。薄饼的地道吃法是拉完、烤过，再用双手拍松，配上羊肉咖喱，是最好的早餐，这家每早供应。

酥饼的制作

1.在面饼上蘸一点油，再在上面擀。面饼的旁边要擀得薄一点，中间厚一点可没问题。

2.把面饼拿上手抛转，每转一下，皮就渐渐变大变圆，像一块布似的。

3.把饼皮拉长，再卷成一个饼的形状，等10分钟后就拿去煎。

4.在准备煎的时候，先把那个饼压平，煎至两边金黄色后，用手不停地拍饼，一个酥薄饼就做好了。

我们又试试拉茶（Teah Ta Leh），"Ta Leh"是"拉"的意思，"Teah"是"茶"的意思。为什么要拉茶呢？原来南洋的天气很热，泡出来的茶太热，不想喝，于是拉来拉去，用以降温。

另外有一个印度炒面，跟在吉隆坡吃的中国福建炒面不同，这是印度式的炒面。但这个在印度是没有的，印度人来到新加坡、马来西亚才发明的。当然也受中国的影响，本身印度是没有黄色的油面，他们会放马铃薯在里面，这个很特别。

接下来是槟城叻沙，跟新加坡的叻沙完全不一样，后者有很重的椰汁味。这个是用池鱼熬出来的，还放入很多的柠檬。加在里面的不是面而是濑粉，像广东人吃的一样。

还有一种东西叫虾头膏，是黑色的，用很多虾头和壳拿去发酵。吃不惯的人会觉得很腥，但我就吃上瘾，没这个就觉得不好吃，所以要多放一点。因为我是南洋人，吃惯了这种东西就觉得很好吃。如果叫我天天吃汉堡包、牛油之类，我会想死，不能接受。所以食物是很主观的，没有客观的。

SABAH
地址：湾仔谢斐道98号

【沙嗲轩】

　　这家餐厅的老板说是新加坡人，他做的菜很正宗，我很爱吃。海南鸡饭，最基本的是酱油，一定要够稠，甜甜的；饭，要用鸡油煮过，才够香。把红葱头炸过后，放在饭上面。海南鸡饭是新加坡人发明的。

　　我们在香港吃的星洲炒米，放了咖喱粉，黄黄的，在新加坡是不会加咖喱粉的。香港的星洲炒米不辣，这个会较辣。还有一个虾汤面，一定要用黄色的面，我们称之为细面。这个汤用的是虾的所有部分都放进去，能喝出很浓的虾味。

　　我和餐厅的师傅分别煮了胡椒炒蟹，师傅先把蟹宰了，去掉内脏，用上汤把蟹煮熟，然后下白锅和黑胡椒一起炒。这里的师傅已经比其他人做得出色，现在新加坡已经不用汤了，都变成炸的了，但这些都不是正宗的新加坡做法。正宗的新加坡炒法，是不用花生油的。因为花生油不够香，我亲自示范正宗的胡椒炒蟹，用牛油来炒，在炒的过程还要不停地撒胡椒，从生的炒到熟的，叫生炒胡椒蟹，一直炒到干身，就可以上碟了。用其他油来炒，颜色会较差；我用牛油来炒，所以颜色好看，味道较香。

沙嗲轩
地址：尖沙咀广东道33号中港城皇家太平洋酒店平台1座3号店
电话：00852 27382368

【印尼餐厅】

印尼菜的灵魂就是称作"森巴酱"的辣椒酱，通常做不同的菜式就会加入不同材料调配的辣椒酱，再加入花生、虾酱来增添香味，有时加入亚参增加酸味。这家印尼餐厅开业接近40年，菜式全都依照印尼的传统做法。

印尼话是很好记的，印尼话里没有 s 的，表达众数时不是加 s，而是把说话重复一次，如加多加多和otak otak等。加多加多是沙律的一种，很正宗，很好吃，很有代表性，每一家正宗的印尼餐厅都必定能吃到，材料有水煮蛋、青瓜、马铃薯、花生酱、豆卜等，这道沙律的灵魂是加多加多酱。

有一道特色的十五夜（longton），十五夜是印尼华侨的食品，每逢农历十五的晚上，他们就会吃这道菜，故名"十五夜"。想知道一家印尼餐厅是否正宗，只要点十五夜试试就知道了。这道菜的主角是放在中间的饭团，旁边有巴东牛肉伴着一起吃，是很地道的食品。

这一家的招牌菜巴东牛肉真是精彩绝伦，巴东是一个地方的名字，巴东牛肉的肉质比较干身，很好吃，带点微辣，而且辣中带甜。

叶包烧鱼，印尼菜中比较辣的一道菜，一般用鲛鱼来做。先用不同的材料，如印尼杨桃、辣椒、石栗、亚参等10多种材料来腌鱼，腌大约4个小时待完全入味后，用蕉叶包好鱼块，然后拿去烧20分钟。

马拉菜跟新加坡菜有相似的地方，其实马拉菜是新加坡菜的一种，因为那里是几个民族一起聚居的，有马拉人、印度人、中国人等等。印尼菜除了辣之外，味道也较浓。

印尼餐厅
地址：尖沙咀加连威老道66号1~2楼
电话：00852 23673287

【虾面店】

　　一款菜式做得好，自然有人排队来吃，辣虾汤面是这家店的主角，虽然有点辣，但比新加坡人做的还好，值得称赞！

　　汤底十分美味，因为用了新鲜的材料去熬，有猪骨、虾和大量虾壳，还有很多调味，喝一口汤就知道虾的味道很浓。店里的辣椒酱也是很用心做出来，自家制辣椒酱，辣味特别浓，越辣越想吃。

　　这店租贵、人工贵、材料贵，什么都贵，但为什么仍然生存下来呢？就是没有偷工减料，给予客人高质素的食物，客人不管有多远都跑来吃。这家店的老板沈国强先生和太太沈林小凤是香港人，但为什么能煮出比新加坡人还好吃的虾面呢？原来两人移民纽西兰后，认识了一个本来是槟城人的马来西亚华侨，那人原是做虾面的，当时沈氏夫妇觉得很特别，就央求那华侨教给他们。只要用心去做总会学好，这种菜式不是高科技，一学就会，但是要用心，像沈氏夫妇这样用心的人，我很欣赏。

虾面店
地址：湾仔兰社街2号4号铺
电话：00852 25200268

【味佳居】

在香港，可遍尝东南亚各国的菜式，其中越南菜必定是最受欢迎的选择之一，这家越南菜馆的老板是香港人，他很喜欢吃越南菜，就努力钻研，终于开了这家餐厅。

我们真是很幸福，想吃什么辣的菜都有，东南亚的菜更是一应俱全，而且也很正宗。

吃越南春卷，最重要是配鱼露酱，鱼露酱并非普通鱼露，一定要用越南的鱼露，如果鱼露酱好吃，还带一点辣的，表示这道菜做得很正宗。

另有一番味道的咖喱牛尾煲，以咖喱配着法国面包吃。越南曾经是法国的殖民地，受了法国的影响，咖喱配以法国面包吃，是法国人平日的吃法。

这一家越式牛肉河，汤底很复杂，有牛骨、香料、洋葱，还加了鸡骨进去，喝了一口清汤后，可加入一些香菜、辣椒、柠檬，又成了另一种味道的汤了。

在香港，开店很不容易，其中一点是租金很贵，有些餐厅被迫开在楼上。这家就是其中一家，店租比地面店约便宜5倍，店里的啤酒、鱼露都是越南来的，投资不少。

味佳居
地址：尖沙咀广东道82～84号流尚店9楼
电话：00852 35204343

西餐

　　我们到法国吃法国菜，有时让人等到傻为止。在香港吃西餐有个好处，就是香港所有西餐的节奏都会快一点，适合香港人的个性。

法国菜

　　香港中西文化荟萃，除中菜以外，最为人熟悉、最多人吃的就是西餐。西餐讲求美学和食材的搭配，菜式也是千变万化。我们尝了法国、意大利最地道的菜式、传统的肉排餐、新兴的分子料理及历史悠久的酱油西餐。

【Gaddi's】

　　吃法国餐不仅讲求色、香、味，浪漫也同样重要。这家餐厅可说是香港历史最悠久的一家，来吃法国餐，会有特别的情调，它的装潢既漂亮又优雅，地毯却换了中式的花纹图案。

　　吃法国餐有多少道菜，完全由厨师决定，最基本的有开胃菜、头盘、主菜，之后是甜品，其他的再视乎厨师喜好来定，有时一顿法国餐可吃上十几道菜。我们到法国吃法国菜，有时让人等到傻为止，但在香港有个好处，就是香港所有西餐的节奏都会快一点，适合香港人的个性。

这次我们来一顿特别的法国餐，跑到厨房里的"厨师之桌"（Chef's Table）用餐，这是餐桌上特别创作的新概念，之后其他餐厅都跟着仿效了。

我们试了烟三文鱼配黑鱼子酱，吃鱼子酱通常是用洋葱、鸡蛋、蛋白、奶油、柠檬之类搭配来吃。

这家的传统法国葱汤，与我们印象中的很不一样，一般的洋葱汤都先弄好，之后将面包覆在上面，加干酪后放在烤炉里，这里的则是把有干酪的面包放在碟中，再淋上热乎乎的洋葱汤。

香煎鹅肝配苹果、西梅及黑加仑子汁，鹅肝因有太多脂肪，一般跟甜的东西配在一起吃，就不会很腻了。淡龙虾咖喱，说起龙虾，据科学家研究，这是世界上能让人感到快乐的食物之一。这道菜里放了不少芒果来搭配及装饰，单看摆设就十分吸引，也感受到主厨的用心。

吃牛的话，可点兔翁牛柳配香槟及拔兰地忌廉汁。一般吃牛仔肉，都会配红酒，而我觉得想喝什么就喝什么，最重要是看自己喜好，当不知喝红酒还是白酒的时候，就叫香槟好了。配的羊肚菌，虽然不常见，但非外国才有，中国的云南也有出产的，在中西餐厅都会吃到，外形圆圆的一颗，有一点点的小洞，有趣又好吃。

最后，我们还试了这店的招牌甜点——吉他士特色甜品（Timbani），"Timbani"原是一个意大利字，指"包围、包着"的意思，这个甜点外面以一个糖浆制成的网状球体包着，非常漂亮，令人联想起圣诞节挂在树上的圣诞球，打开后里面有雪糕和水果。

话说银器

酒店里的银器堪称古董，跟酒店的历史同样久远，如蜡烛台，就有80多年的历史，还有法国著名的鸭肉榨汁机等，每一件都是人手制造，再过几十年，它们也会变成古董了。这餐厅的所有餐具和银器都是银光闪闪的，究竟如何令它们保存这么久？原来这家酒店有一个专门清洗银器的管事部，无论是一般的银餐具或是有几十年历史的银器，都有专人负责清洗。在此工作了17年的领班罗佩玲告诉我们，秘诀是每天用清洗剂及阴柔的力度去刷洗和揉擦，即使没有用过的银器，由于与空气产生氧化，也要每天刷洗。

Gaddi's
地址：尖沙咀弥敦道19～21号半岛酒店1楼
电话：00852 23153171

【Pierre】

　　米芝莲三星的法国餐厅Pierre主厨是一位法国米芝莲三星的厨师，是厨师中最高的荣誉。

　　Pierre Gagnaire称得上是法国的传奇大师，1977年获得米芝莲一星厨师荣誉，1986年及1997年获得米芝莲二星厨师荣誉，1993年及1998年获得米芝莲三星厨师荣誉，2008年被法国报章投票为法国最佳厨师。他没有特定的菜单，每次煮出来的菜式都会令人惊喜和新鲜感，他的烹调之道是透过视觉与味觉交互冲击，用食材创出令人意想不到的组合。

　　我们到厨房参观Pierre为我们做菜，他以前煮鸡，会将鸡放在锅子里，下面放稻草，将鸡放在上面，用面包封好以后拿去烤，但这次他拿了一只鸡后，先取点盐放手里，以手在鸡的身上按摩般搓揉，再用牛油继续按摩，一面煎一面往上面涂牛油，煎好之后就放进烤箱里面。

　　原来Pierre做的是一鸡三吃，真不简单！把一只鸡分开很多不同的部分，用不同的方法去煮。问Pierre的灵感从何而来？其实他只是随意的想，随意的做，也是第一次煮这几道菜。

　　他又采用了莲藕做配菜，在法国，很多人用这种菜来做甜点。我觉得Pierre是一位充满艺术家气质的法国厨子，他在砧板上调味方式也很特别。有趣的是，中国人喜欢用猪油，外国人喜欢用牛油、鸡油或动物的油，所以看见他们用牛油我们不会觉得害怕，但现在我们用一点点猪油，人家就大呼小叫，其实是一样道理呀。

　　Amanda S. 问我，看了Pierre煮菜，觉得西餐比较健康还是中餐比较健康？其实我觉得高手煮出来的总会比较健康。我们很喜欢看法国菜的装饰，觉得很漂亮，他们的原则是把整个碟子做成一幅画，看厨师煮菜也是一种享受。

　　首先上桌的是鸡腿肉配罗马生菜沙律，炒好的鸡腿肉放在上面，下面是罗马生菜沙律，酸酸的很开胃。鸡肉是用柠檬煮成的，Amanda S. 也说这道菜很少会这样吃，平时大都当甜点般吃。

　　再来个传统酱汁汤，主要材料是番茄，非常新鲜，是夏天的味道。洋人的汤跟中国人的大有分别，他们的汤像是一些泡沫，又像是婴儿吃的米糊。

　　最后是鸡胸肉配野菌及意式巴马酱汁，这道菜很神奇，竟出现了西餐少见的鸡尾股，鸡肉本身有甜味而且充满脂肪。刚才在厨房看到Pierre先煮鸡胸，用的是鸡胸旁边那两条白肉，先煎一下然后跟红辣椒粉一起炒，所以鸡带了点辣味。

Pierre
地址：中环干诺道中5号香港文华东方酒店25楼
电话：00852 28254001

意大利菜

【Sabatini】

　　在香港，正宗的意大利菜并不多，这家意大利餐厅，无论是设计、装潢、摆设，全部都是由意大利设计师一手包办，菜式当然也是由意大利厨师主理。

　　我很爱吃芝士，当初不敢，强迫自己试过又试后，打开了一个芝士的世界。我们试了干酪（Parmigiano Reggiano），原是很大的一块，在意大利本土会先用刀子凿至凹进去，做成一个干酪锅子，把意大利粉煮好后，放进去拌来吃，不过在香港则没见过这种吃法。

　　令一道菜是青瓜花伴巴马火腿，以前会用背部的San Daniele的火腿，偏黑色的，像我们的金华火腿一样，现在则用帕尔马火腿。餐厅总监Diego Bozzolan为我们切火腿，只见火腿的颜色介乎普通Parma的粉红和San Daniele那种像金华火腿的颜色之间，又香又有光泽。其实还有一种吃法，将橄榄油加热，把火腿放下去稍微炸一下再拿上来，好吃得不得了。

　　再试特色烩青口蚬肉茄子汁，这是酒店里出名的海鲜意大利面，用的青口和蚬都是从意大利进口的，吃到地中海的味道，非常新鲜又正宗，这是没办法骗人的。

　　最后上桌的是意式传统烩牛仔膝伴红花粉饭。这道菜在北意大利菜中很出名，主要用的是牛膝盖骨，我们一般以为洋人做的菜都是煎炸而已，其实也有红烧的，而其中较为特别就是牛骨髓了。

　　厨师施洛卡（Luca Signoretti），15岁就开始他的厨师事业，由于出生于意大利海边，对烹调海鲜的技巧非常熟练，喜爱以海洋为主题创作意大利即地中海菜，常常创作海鲜新菜式。他去过很多不同的国家当过厨师，经验非常丰富。

　　享用过美味的一餐，有厨师带我们去吃干酪。店里有很多不同的干酪，他推荐我们吃外面一层黑色葡萄干的Ubriaco，这是牛的干酪，质感很硬，放在酒糟里1年，制作过程需时5个月，非常特别，吃起来像中国人的腐乳。

Sabatini
地址：尖沙咀么地道69号帝苑酒店3楼
电话：00852 27332000

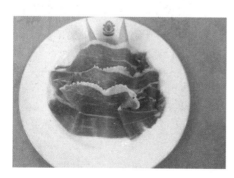

【Angelini】

　　每个国家所吃的菜式也有不同，各有特色，好像意大利也有分不同地方的菜式。意大利南部的菜式较为传统，北部则受了法国的影响，今次要试试意大利南方的菜。

　　这家意大利餐厅最具意大利色彩的是灯，全是意大利人手工制造的，像一件又一件的艺术品。

　　首先试了脆炸水牛芝士配银鱼柳面包，将牛干酪和鱼一起拿去炸，与中国的臭豆腐有异曲同工之处，唯一不同的是它没有那股臭味。但水牛干酪很奇怪，它本身没有什么味道，跟中国的豆腐很相似。

　　再来是蒜蓉榄油煮地中海蚬，意大利南部的人吃很多海鲜，有很多蚬、八爪鱼等的菜式。

　　叫了一个自家制意大利短扁身面伴脆青瓜，用一片片的干酪削了放在面上，味道不逊于白菌面，我觉得这个比较好吃。这种面都是现叫现做的，材料有鸡蛋、面粉及南意乡村的干酪，吃起来特别有嚼劲。

　　厨师Vittorio Lucariello做出精彩的纸包意大利红衫鱼来，这是香港和意大利的融合菜式，鱼是香港人经常吃的红衫鱼，煮法是完完全全南意大利烹调法，将番茄、洋葱和黑水榄一起放在鱼里，用纸包着，就可以放进烤炉烤10～15分钟，他还会放一节榉木，造成烟熏的味道。这道菜可吃到鱼、番茄等材料的味道，虽然很简单，却是原汁原味。

Angelini
地址：尖沙咀么地道64号九龙香格里拉酒店阁楼
电话：00852 27338750

分子料理

【香港赛马会】

　　香港近年有一种新兴料理，可说是风靡全球，就是分子料理。分子料理的根据地是西班牙，更培育出不少分子料理的名厨。我和苏玉华参加西班牙节，有很多西班牙食品可供选择，最好吃的是西班牙火腿，制作火腿的猪是让它们自由活动，带有脂肪，是我的至爱。若是好的火腿，厨子在厨房里切，在外面也能闻到香味。

　　分子料理是将食物的形态改变，像一个鸡蛋模样的东西，切开竟然是洋葱汤，它看起来完全不是洋葱汤的外表，却又是洋葱汤的味道。

　　先来个脱水蔬果伴乳酪，所有的材料都是水果，看上去很新鲜，但其实已经干了或经过脱水，还有白色蛋状的乳酪，切开乳酪汁便缓缓流出来。

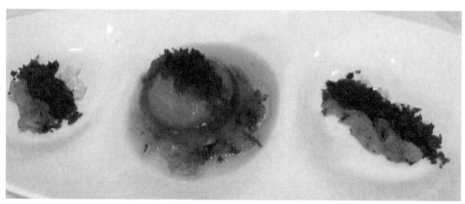

美味的橘香生蚝伴鹅肝，主要材料是鸭和生蚝，里面看似固体油状的是橙，而橙和生蚝配合得很好，吃来完全是另一种口感。

再来西班牙火腿清汤配青鱼子，吃时倒入清汤，汤里的豆原来不是真正的豆，是经过一个机器把材料煮熟后，再做成豆状的东西。

分子料理令用餐的时候添了不少乐趣，让人不断猜想是什么材料做成？是什么味道？原来是什么什么东西！很有趣！

分子料理大师Carles Tejedor，他14岁入读厨艺学校，2011年获得西班牙最佳厨师第三名，现任巴塞罗那米芝莲一星餐厅新Via Veneto总厨，最擅长将传统的加泰罗尼亚菜式革新及做成分子料理。

香港赛马会
地址：香港跑马地马场
电话：00852 29668176

大厨煮蛋

我又请Carles Tejedor煮一个蛋，他用了新派的煮法，我当然连声说好。

首先把蛋放在63℃的温水煮45分钟，这是以温泉蛋方法煮之；再配上马铃薯蓉，这一步他完全不用机器，只用手工来做；接着放上奶油，把温泉蛋的鸡蛋剥壳，小心翼翼地放在薯蓉上面；最后撒上帕尔马火腿磨成的粉和火腿粒就大功告成。这是低温蛋伴特滑薯蓉，吃时将蛋黄部分破开，蛋汁连着薯蓉一起吃，感觉很有趣，的确与众不同。

【The Krug Room】

分子料理兴起只有几年，香港人想来爱跟潮流，怎会不跟随呢？这家餐厅，把菜单全部写在墙壁上，客人可以要求自定菜式，或交由厨师设计。这里有特别的贵宾厅，天花的灯使用杯子和碗反过来做成的，很有心思。后面是酒店厨房的心脏地带，所有菜式都在里面做，请了酒店的行政总厨Uwe Opocensky为我们示范。

先来个黄金鱼子酱（Golden Caviar），厨师用以提炼成大菜糕的海草经过机器处理，变成一颗颗的珠状物体，凝结几分钟，放些奶油，就成了黄金鱼子酱，有浓烈荔枝味的鱼子酱。

有一道山葵椰子面（Instant Noodle Soup），将蔬菜汤倒入玻璃器皿，配以玉米磨成的粉、有生蚝味的花，厨师把以山葵做成的面注满在针筒内，吃时再注入汤里，噱头十足，非常有趣。

接着是蘑菇纸包威灵顿牛柳（Beef Wellington），我们时常用面包包着威灵顿牛柳去烤，而厨师用了和牛的脸颊肉，包裹的方式很不一样，是用一张蘑菇做成的纸，包好后，在上面淋汁将蘑菇纸溶化，变成了固体，口感非常实在，一流！

最后我们还试了鲜乳酪朱古力雪糕（Yoghurt Chocolate Electric the flower dessert），甜品做成了一朵鲜红的花，红色的花瓣是用红菜头做的，白色的叶用乳酪做的，雪糕的部分是将香草和奶油放入特别的器皿，在液体氮气零下196℃下制作而成，倒入器皿后，大师不停搅拌，一边搅一边会有轻烟冒起，好像在看科幻片一样。不像做真正的雪糕需结冰、冷藏，保留了原汁原味。下次我一定用这种方法来做榴莲雪糕。

厨师还为苏玉华做了一个有镜的化妆盒，还配有化妆棉，这不是真的化妆盒，原来是用化妆棉状的棉花糖蘸西瓜味的粉来吃，真是别出心裁。

The Krug Room
地址：中环干诺道中5号香港文华东方酒店1楼
电话：00852 28254014

典型的西餐

【Lawry's The Prime Rib】

说到西餐，不可不提牛排，这家餐厅在世界各地都有分店，餐厅的格调极高雅，中间有一张红色的沙发，是这家餐厅的标志，无论你到世界哪一家，都会看到这张独特的沙发。这家餐厅在比华利山开业已超过60年，很多荷里活（荷里活即好莱坞）明星都去过，我们去试试。

这里的牛排鲜嫩而味道浓郁，是用了餐厅独家研制的调味粉，而牛肉是来自美国顶级、用玉米饲养而只21天的牛，肉质特别鲜嫩，腌制好的牛肉放入烧烤炉以250℃的高温慢慢烤3个小时，就可以令牛肉保持三分熟，锁住牛肉里面的肉汁，而厨师每隔一段时间就为牛肉探熟，肉心要达大约45℃才符合标准。

平日去吃牛排餐，牛排一般两面都有烧过的。但这里是整条拿去烧再切开一片一片，与平时那些火上或放在铁皮上烧的牛排，两者是有分别的。

这家餐厅的牛排很著名，总厨关顺发说切牛排有四种方法：第一种是加州薄切（The California Cut），6.5安士；第二种是英式三片薄切（The English Cut），7安士；第三种是特级烧牛肉切（The Lawry's Cut），10安士；第四种是重量级的金百帝厚切（The Diamond Jim Brady Cut），16安士。我当然要重量级了。我的金百帝厚切，中间一块生生的带点肥的，是整块牛肉之中最好的部分。

再来是冰旋翡翠沙律，做沙律是这家餐厅的特色之一，用一大盘的冰块，中间放置金属大盘，大盘不停旋转，侍应就在食客面前制作沙律。对于餐厅的这些玩意，我觉得很有趣，也很喜欢，沙律主要是蔬菜，用来吃沙律的餐具都是预先冷冻的。

最后来个英式烘薄酥饼（Yorkshire Pudding），一般吃牛肉都有一个配菜，听名字会以为是布丁，其实是鸡蛋加面粉做成的松饼，非常松化。

Lawry's The Prime Rib
地址：铜锣湾希慎道33号利园4楼
电话：00852 29072218

【金凤大餐厅】

　　吃牛排的文化由高尚变成大众化，茶餐厅可谓居功不小。我们去金凤大餐厅吃牛排，几十年来，这里的牛排都保持水准，而且非常软腍，秘诀是将牛排从4℃冰箱拿出来后，自然解冻，解冻以后拿冰锉不停地戳，戳过以后，再硬的地方也会变软。即使是一块入口的冷冻牛排，也可以做得很美味，我们吃牛排，可以由这里开始慢慢升级，再吃些更好的。这是我们中国人的聪明之处，将西餐大众化，都是餐厅负责人林志强的功劳。

　　我记得这里除了吃牛排之外，还有出名的十二道菜的圣诞大餐，只要188元。第二代传人是女儿林颖诗，她说会保留圣诞大餐的传统，但有时食物太多，客人也吃不完，去年已被她减掉了两三道。但减掉了就不是传统，我建议她保留十二道菜的传统，分为A餐、B餐，按不同分量收费，让客人自行选择，林先生、林小姐也连声说好。

金凤大餐厅
地址：九龙荔枝角道102号金凤楼地下
电话：00852 23936054

【太平馆】

　　除了提过的西餐外，香港其实也有港式的酱油西餐。太平馆差不多有150年历史，当年是广州最早出现的西餐厅，而创办人的后人，亦创出脍炙人口的瑞士汁。

　　酱油西餐的发源地并非香港，在140多年前的广州，已经有所谓中国式的西餐，太平馆是一家著名的百年老店，而在香港，有70年历史了。

　　一提到太平馆，大家就想起乳鸽，用种种不同的酱油调味煮出来，上桌时，另有一个银兜，里面装着酱汁，让客人淋在乳鸽上面。而最有特色的，是将乳鸽的全副内脏也煮好浸在酱汁之中，有些人认为这副内脏比乳鸽还好吃。

　　太平馆的名菜，除了有乳鸽，还有瑞士鸡翼、焗葡国鸡、干炒牛河、瑞士汁炒牛河、烟鲩鱼、焗蟹盖、烧猪髀、烩咸牛脷和焗梳乎厘。

　　这里的瑞士汁，非一般的酱油，每天早上，厨师会将鸡壳、猪骨、红萝卜等材料下锅爆一下，爆香之后，放在头抽里煮3～4个小时，每天都新鲜做。

什么叫瑞士汁？也是一场美丽的误会。当年洋人光顾，吃到店里的酱油，大叫："Sweet!"不懂得英语的侍应，向洋帮办请教，洋帮办以为说的是"瑞士"。好呀！那时候有个外国尊名是件光彩事，从此就把带甜的酱油叫为瑞士汁了。

这里的干炒牛河非常精彩，是用了乳鸽的瑞士汁炒出来的，每条河粉都没有黏在一起，很干身，吃过后让人家念念不忘，回味无穷。

梳乎厘是Soufflé的中译，这个甜品，块头真是吓人的巨型，有篮球般大，软绵绵的，名副其实的入口即化。

这家餐厅是一代传一代，现在餐厅的负责人徐锡安是第五代，还未结婚，如果大家想做第五代传人的太太的话，可以来认识徐先生，让餐厅快快有第六代传人。

太平馆
地址：油麻地茂林街19～21号
电话：00852 23843385

【Chesa（瑞士芝士火锅）】

在香港，可以吃到不同国家、不同特色、不同种类的火锅，其中，瑞士的芝士火锅也广为人知。芝士火锅起源于瑞士的阿尔卑斯山地区，是冬天用来御寒的食物，可说是瑞士人的国食。

我们吃的芝士火锅是由格鲁耶尔芝士（Gruyere）和埃曼塔尔芝士（Emmental）两种芝士混合而成。Gruyere 是一种很硬的芝士， Emmental则是半硬的，加上瑞士车厘子烈酒、豆蔻、蒜蓉、瑞士白酒、生粉等，就煮成一锅芝士火锅。

如果瑞士人请你在家中吃芝士火锅，算视你为一家人了。你别以为荷兰人吝啬，其实瑞士人更吝啬，只会请你吃面包。虽然没有肉，但吃到芝士火锅的底，会有一层薄薄的、烧焦的芝士，好像我们煲仔饭的饭焦一样香脆。这个芝士焦比肉更好吃，但刮起来就很辛苦，不过辛苦得来都很值得。

一整锅的芝士只能刮出一点点芝士焦，如果不够就可以来一个Raceltte，价钱一样。另一种烘瑞士芝士，是煎整碟的芝士，要和马铃薯一起吃，不然就太咸。会吃的人先把马铃薯压碎，然后才跟芝士混在一起吃。

中国人不怎么吃芝士，但芝士像是一个世界、一个宇宙，如果你打开了这扇门，这里丰富的内涵，可以让你一层一层地研究下去。

我觉得对任何事物，先不要抗拒，试一试，尝一尝，慢慢来，由不喜欢到喜欢，感受就会截然不同。

Chesa
地址：尖沙咀疏士巴利道九龙半岛酒店1楼
电话：00852 23153169

日本、韩国菜

日本菜

老一辈的日本人吃刺身，会在酱油碟中蘸些酱油，将少许芥末放在上面，放入口中，这是最正宗的吃法。

【Naozen（寿司）】

香港有12000多家餐厅，日本餐厅约占1/10。以前我们都不吃刺身，现在全世界的人都吃，最重要是讲求卫生和干净，这好似日本菜的精神。

早在20世纪70～80年代，日本餐厅已经出现在香港，当时主要在一些高级酒店里，属于高级食府，而服务生都穿着传统和服，为凸显日本料理的高端。

时至今日，日本餐厅已趋于大众化，尤其是寿司店，我与苏玉华、Amanda S.一起去试正宗的寿司，了解吃寿司的正宗方法。

我的老友佐滕直行先生开了这家店，他从事日本料理有30年，1986年，在日本做厨师时，曾负责美国里根总统访日时的晚宴；2003年，他在香港开设了这家日本料理店。

这里的鱼都是非常新鲜的，每天进货，东京两次，九州两次，北海道两次。店里有一种眼大大的鱼，是日本一种叫做金目鲷的贵价鱼，做刺身、寿司或煮都可以；另一种叫近畿鱼（kinki）最好吃，又贵又好吃。刺身叫Sashimi，手握寿司叫Nigiri，我们先要了一个杂锦寿司拼盘。

刺身有分红刺身和白刺身，名副其实红刺身的颜色较红，白刺身则颜色较淡，正宗的吃法是先浅后深的，因为刺身的颜色越浅，味道越淡。

香港人通常会将芥末放入酱油，然后一直拌，弄得一塌糊涂，这是不正确的，不过现在全世界也这样做，有些年轻的日本人也跟着做。老一辈的日本人吃刺身，会在酱油碟中蘸些酱油，将少许芥末放在上面，放入口中。这是最正宗的吃法，既能吃出芥末的味道，也不会影响鱼的味道。

我喜欢缟参（Shima Aji）多于吞拿鱼腩，香港人叫这种鱼做"日本深海池鱼"。它的肉质肥美又细嫩，吃后不觉得腻，这种鱼可以吃很多块或很多次，但吞拿鱼的话，吃几块就不想吃了。香港人已慢慢认识了这种鱼，比较昂贵的吞拿鱼腩更便宜又美味。

接下来吃寿司，寿司是一个饭团上有一块鱼，饭团里面已经有芥末，所以不用再蘸得乱七八糟。用筷子将它推一推，从侧面夹起蘸酱油，饭和肉都能蘸到，这是正宗的吃法。说到用手，一般是反手用食指和中指向下的方式夹住寿司，蘸一下酱油，把整个寿司放入口中，这种吃法非常豪迈。

之后，我的老友佐滕直行先生为我们示范蜜汁煮近畿鱼。先把鳃拿掉，他用筷子插进鱼里头处，一下子就把内脏连鳃也卷了出来，切出鱼肝，非常肥美。然后是刮鳞，再将鱼汆水，这个过程叫"降霜"，就能令汁渗进鱼肉内。然后加入佐滕先生自己发明的秘制酱料，依我看来，就是酱油、味酥的调味，放入锅中煮，放上昆布，滚的时候不断将鱼的油舀出来；然后用锡箔纸盖着，煮15分钟即可。

近畿鱼是日本最美味的鱼，秋天和冬天最好吃，到北海道不吃这种鱼是你的损失。鱼肉很滑，鱼肝很香，真是天下美食。

最后佐滕先生发明了一种叫白酒煮番茄的甜品，就是番茄、白酒的果冻，这个本来是夏天的菜，因为所有的客人都说好吃，现在一年到尾都有。用番茄做甜品，非常特别，如果意大利人看到这样做番茄，一定气得晕倒。

Naozen
地址：中环威灵顿街21～25号地下
电话：00852 28776668

【Domon（拉面）】

除寿司之外，日式拉面店也随处可见，我要介绍的是，最地道、最正宗的日式拉面，这家店每天都人头攒动，好不热闹。

我的好友林朝楷先生，1985年开始于日本东京、北海道学习，在日本做拉面学徒时，因态度热诚深得师傅的信任，尽得传

统札幌拉面的真传秘技。街上到处都是拉面，但是他们连最基础的也未学上。而我这位朋友，他虽是中国人，煮的拉面却比日本人更出色，因为他有好师傅教导，并且是正宗的做法。

第一，倒些开水或汤底把碗热一热；第二，加蒜蓉将芽菜、洋葱炒一下，然后放入猪骨汤，汤底是一样的，不同的有三种：北海道的加面豉，东京的加酱油，九州的加盐。面条是日本打好运过来的，煮熟后放入碗中，汤底煮好，倒在面上。

一碗好吃的汤面一定要热腾腾，再加上日式叉烧、笋干、昆布和葱，一碗札幌牛油面豉拉面就完成了，做法虽然简单，却是与众不同。

北海道拉面上都有一块牛油，因为天气冷，下大雪，需要油，吃了会温暖些。吃拉面一定要先喝一口汤，汤美味的话，面也不会差到哪里去。

为什么桌上是没有酱油呢？因为日本人的汤比我们的口味咸，进一家拉面店，喝第一口汤后，若口味是跟我们的一样淡而无味的话，这家不是正宗的，不用去吃了。

我们吃东西要讲礼仪的，有些中国人吃东西会有咀嚼声，这就没有礼仪了，因旁边的人听到，会觉得很讨厌，所以吃东西绝不可有咀嚼声；但日本人吃面很特别，可以有声音，有时会喷得一脸都是。

卖拉面的店，一定也会卖饺子。饺子不好吃的话，店也是不行的。这家的皮又薄又滑，是水准上乘之作。

谁会想到一碗正宗的札幌拉面，背后会有这么多的学问呢？

Domon
地址：尖沙咀嘉兰园22～22A
电话：00852 27399431

【Tonkichi（炸猪扒）】

　　这家地道的日式炸猪排店，连外国人也来吃。行政总厨陈水华，是我10多年的好朋友，他所炸的猪排，是全香港最好吃的。

　　原来苏玉华也是这里的常客，带日本朋友来，他们也觉得比日本做得更正宗，他们是真正一点一点累积的经验，采用日本最正宗的做法。日本有很多家已经没那么严谨了，但这里仍是完全按照传统来做。

　　吃这块猪排，一定要蘸酱。有很多酱以供选择。有名古屋的吃法，自己磨好芝麻，再倒入猪排酱，拿来蘸猪排吃，很香很软。

　　我比较喜欢吃炸猪排，旁边有一块肥肉，这是猪肉和肥肉的最佳组合。这里的椰菜也是由日本运来，切成细丝，让客人随便吃，把椰菜加上柚子汁、紫菜汁，就可以当沙拉吃。

　　传统上，一般喝汤都是把碗端起来喝，日本人不用匙羹，这是店里唯一香港化的东西。我最欣赏他们有研究和追求完美的精神，一块猪排也可做得如此出色，这种精神值得我们学习。

炸猪排的制作

  1.最重要是选好的猪排，这里是采用来自日本的黑豚。首先将猪排捶打，令肉质松软一点，捶打至每块都平均一点。

  2.再用刀戳一下筋位，炸出来以后才不会收缩。

  3.调味方面，只用盐、糖和胡椒粉三种，没加味精。先沾上小麦粉，浸鸡蛋，然后放入新鲜的面包糠，再去炸4分钟。

Tonkichi
地址：铜锣湾告士打道280号世贸中心412室
电话：00852 25776617

【松菱日本料理（铁板烧）】

铁板烧是日本典型食物之一，除了烧牛肉，日本人又加入了很多海鲜，有虾、鲍鱼、带子等，不过这家餐厅做得最好的是鳗鱼，吃刺身并非每个人都能接受，铁板烧就比较容易接受，于是很快传到国外去。

日本牛的特色就是比较软腍、肉汁多、油多，美国的却比较硬。牛肉有两种吃法：一种是厚烧，约一寸厚；另一种是薄烧。薄烧是将一块切得薄薄的牛肉，放点葱在上面，卷一卷就给你吃。吃铁板烧薄烧牛肉卷，不如吃凉瓜炒牛肉更好，所以一定要吃厚烧。他们说日本牛肉，是将所有脂肪都混入肉里面，传说养日本牛要按摩、喝啤酒、听莫扎特音乐等等，我曾问过一位养牛的朋友，求证是否属实，答案是——是的——不过是电视台来拍的时候，没有电视台来的时候，啤酒他自己喝了。

厨师为我们示范铁板海鲜炒饭，先将脂肪切成小粒，像牛油渣一样，跟蔬菜一起炒，炒完后打鸡蛋，再把饭加下去。这是给一般客人吃的做法，但我们吃就有所不同，多放一点新鲜的海胆来炒，非常好吃。中国人很久以前就懂得吃海胆了，疍家人炒蛋、熬粥也会用海胆。

还有更精彩的，就是鳗鱼了，很多人来这家店都不懂得点鳗鱼，这家做得最好便是这道，师傅将鳗鱼两边煎熟后再淋上酱汁，"滋滋"作响，热气飘腾，香味四溢，吃起来可以听到很爽脆的声音。

我时常听到苏玉华发出满足的笑声，她说她说不出话来，实在是太好吃了。

松菱日本料理
地址：港湾道1号万丽海景酒店3楼
电话：00852 28241298

【稻菊（天妇罗）】

这家店的佐久间国男先生，拥有超过40年烹调天妇罗的经验，现时是东京五大天妇罗高手之一。天妇罗是香港人既熟悉又爱吃的料理，若果不懂怎么吃天妇罗的话，可以点套餐，样样都可以试一试。当然最好像吃寿司一样，坐在柜台处，看到什么就点什么，次序由虾开始，花竹虾天妇罗：跟刺身一样，生的才拿去炸，把生虾剥壳后，在虾背划几刀，这样炸起来的虾又直又长。

吃天妇罗，蘸点酱汁和萝卜蓉来吃，萝卜蓉属寒凉，配煎炸食物吃就不会喉咙痛，也可以吃出天妇罗的味道。

以前，我在日本吃天妇罗，那位大师傅很厉害的，炸好以后将虾放在纸上，我把虾拿起来的时候，纸上连一滴油也没有，可惜这位老师傅已经过世了，没办法再欣赏到他的手艺。现在他的儿子炸给我吃，我把虾拿起来时，纸上有一滴油，儿子似乎还未传承父亲的绝技。

鲇鱼，也叫甜鱼或香鱼，一条条细小的，长长的，约手指般长的鱼，用手摸一摸，之后闻一下，有黄瓜的味道。这种鱼不会腥，拿来蘸盐吃，味道甘甜可口。

银宝鱼（黄鳝），这种鱼和我们吃的小血鳝不一样，这是海鱼。这尾鱼很难割，它的骨构造很不同，师傅要小心翼翼地把一条条骨拔去。这种鱼极罕有，今天我们算是走运。这种鱼吃起来和甜鱼不同，甜鱼很软，而它则很有弹性，很有嚼劲。

吃到最后就点了一个炸虾饼（Kakiage），把桃柱和虾混合来炸，炸成一个像饼的形状，就表示吃饱了，不再吃了。

传统吃天妇罗的店铺，都是吃过天妇罗后吃蜜瓜，这是一种约定俗成的配搭。那些蜜瓜里面有一层蜜，真是名符其实的蜜瓜。

在东京，我到过一家天妇罗店，店里只坐8个人，一晚只做一轮，那位瘦削的师傅，时常穿短袖衣服，如果虾不好不开店，如果蜜瓜不好也不开店，总之这家店是很完美的。我记得那晚吃完饭以后，他只穿短袖衫，当时下着大雪，送我到门口，他鞠躬欢送，这才叫境界。

稻菊
地址：尖沙咀么地道69号帝苑酒店1楼
电话：00852 27215215

【"和民"（居食屋）】

这是日本一家很出名的连锁店，7年前，他们来到香港，现在已变成14家分店，非常厉害！这家居食屋Izakaya，主要是喝酒、食小吃，在日本，一半的收入是源自卖酒，来到香港，卖酒的收入只占1/10，他们马上改变策略，除了保留地道的刺身外，还有一种花鱼烧（Hokke），它非常有名，来自北海道，烧了以后就淋上酱汁来吃；之后又改变，做出牛油焗带子，这款带子配有蒜蓉、牛油、柠檬等，像西餐的做法；还有韩式的辣辣泡菜炒饭等等。这家店不断地寻求改变，我们的饮食也在不断地改变。我觉得，大众化的东西，改变是无问题的。一般你学会吃一样东西，就一定由便宜的食物开始。

到夏天吃冰，这里的宇治金时（绿茶刨冰）比较正宗，记得我们在日本时吃的冰，不比现在的好看，只有一些冰，加上些糖水，没其他的了，非常原始。这里的就加入新鲜的水果和雪糕，颜色鲜艳，令人垂涎。

居食屋【和民】
地址：荃湾大坝街4～30号荃湾广场4楼439～441号铺

【Nadaman（怀石料理）】

日本料理，除了要正宗及味道好之外，一定要找个好友一起享受，我找了曾志伟来吃正宗的日本菜。我这个老朋友，虽然忙，但是一请就来，果然够老友。

今次吃怀石料理，放满一桌子的食物，先吃什么呢？可先吃冷的刺身：金枪鱼、平政、真子碟鱼、活虾；然后开始喝汤、吃牛肉、烧物等等。

比较有特色的有鲜腐皮豆腐酿海胆，看起来一个圆圆的东西泡在清汁中，原来外面是腐皮，里面是海胆，好吃到话也说不出来。又有冻浸金时草、海苔，酸酸的，非常开胃。

怀石料理，原为在日本茶道中，主人请客人品尝的饭菜。现已不限于茶道，成为了日本常见的菜式。怀石指的是佛教僧人坐禅时在腹上放上暖石以对抗饥饿的感觉。

怀石料理的形式为"一汁三菜"（也有的是"一汁二菜"）。怀石料理非常讲究精致，无论对餐具还是食物的摆放都要求很高，而食物的分量却很少，被人视为艺术品，高档怀石料理也耗费不菲。主要盛载食物的器具有陶器、瓷器、漆器等。

如果不吃白饭的话，来个茶渍，用茶泡饭，烧鲭鱼茶渍饭。为什么把饭拿去烧？把饭团烧一烧，再用茶泡，味道很香。

曾志伟笑Amanda S.的广东话不正，令我想起以前和倪匡兄搭档时，他说的广东话没人听得懂，我说："倪先生，有人请你到法国，上法国电视台。"他说："神经病！我不会说法文，怎样上法国电视台？"我说："没关系，你不也不会说广东话嘛……"

倪匡兄打电话到我家，我的菲律宾家务助理，不懂得他叫什么先生，她接到电话，一听就把电话递给我，我问她谁打来的，她就学倪匡兄说话："先……先……生……生……"他的思维太快，嘴巴却追不上，弄出很多笑话来。

曾志伟记起我们在埃及拍戏的往事，当地人很喜欢吸水烟，我们也和他们一起抽，那支管都不知有多少人抽过，我一边抽，一边喝奶茶，曾志伟问我怎么不介意，我说："有些女孩子也很多人亲过，你也不怕，还不是照样亲，又有什么关系呢？"

Nadaman
地址：香港金钟道88号太古广场港岛香格里拉大酒店7楼
电话：00852 28208570

【和三味（日式火锅）】

寿喜烧（Sukiyaki），"Suki"即锄头，而"Yaki"则是烧的意思，原来叫做锄烧或数寄烧，据说旧时在日本农村，农人习惯用圆锅上铁制的扁平窄刃，在野地里烧烤食物，因此得名。寿喜烧用的锅子，都是铁制的平底浅锅，或许真的是从圆锅得来的灵感也说不定。

现在所谓的寿喜烧，都是指日式牛肉火锅的一种，以牛肉为主料，用白菜、蘑菇、菠菜、大葱、豆芽、豆腐等等当令的食材做配料，最后加上日本乌龙面条，掺和在牛肉的汤料里食用。寿喜烧在材料入锅前，先用牛油和大葱在浅锅里煨烧肉类，将肉类煨烧出来的汁液做火锅的锅底，然后再放入配料一起烧煮，汤汁因此更加浓稠。日本人吃牛肉锅，习惯放很多糖，因此整个锅都很甜。

日本人吃肉是近一二百年的事，之前他们吃肉不多的。最出名的有佐贺和牛、松坂牛和神户牛，它们的肉质很嫩。听说佐贺县每个月只会出口26头牛到外国去。

另一种涮涮锅（shabu shabu），是一种比一般中式火锅较简单的吃法，口味也较为清淡。通常是一人一个专用的小锅，以味噌汤与昆布高汤为汤底，依个人喜好配以各种肉类食用，并搭配其他如蔬菜、菌菇、豆腐等食材。

20世纪初期，占领中国东北地方的日本人将当地涮羊肉的烹饪方式带回日本，不过现在的涮涮锅已经有很大的变化。早期是涮牛肉薄片，现在已发展成涮各种肉类薄片或海鲜。

　　至于Shabu Shabu（しゃぶしゃぶ）这个名词，是20世纪在大阪的一家名为スエヒロ的餐厅为自己所卖的这种料理命名的，并在1955年注册为商标。

　　日本人不喜欢把猪肉放进牛肉锅里，他们很固执，只要不喜欢的就坚持要分开吃，不可混在一起。与倪匡兄去日本Shabu Shabu，他希望两者兼得，左边台叫牛肉锅，右边台叫猪肉锅，把两个锅放在自己面前一起吃，把日本人气晕了。

　　吃Shabu Shabu的时候，可以加一些酱料或放些葱，如果不喜欢加酱料，可以放一些盐或酱油，倒些清酒进火锅里也可以。在日本，我也是不守规矩的，喜欢怎样吃就怎样吃，日本人不喜欢我这种吃法，但最后付钱的是我，也拿我没法子了。

　　第三种是豆乳锅，把豆浆煮开，然后加赤豚及其他配菜。第四种是豆乳腐皮锅，煮好的豆浆锅上，有一层东西凝固着，用竹签挑上来就是一块腐皮。最后可加石灰水，倒下去就会变成豆腐花了。

　　最后一种是杂锦锅，把所有的材料全部混在一起，可以放虾、猪肉、牛肉和三文鱼等，天气冷时，日本的家庭就会吃这个杂锦锅。吃其他锅不会喝汤，但吃杂锦锅就可以利用这个汤，方法是吃到最后把吃剩的材料捞起，然后把饭倒进去，像熬粥一样，加鸡蛋、清酒及葱。即使我们吃得再饱，这个粥也一定吃得下。

和三昧
地址：铜锣湾轩尼诗道555号东角中心22楼
电话：00852 28318989

韩国菜

【梨花园】

说起韩国菜，自然想起烤肉和石头锅饭，其实韩国菜也是东南亚辣菜的代表之一，其中辣泡菜就为人们所熟悉。不过除了泡菜，还有一些辣菜是我们平时比较少吃的。梨花园是香港开业时间最长、最正宗、最好吃的一家韩国菜馆，这里辣菜也非常地道。

韩国菜有很多配菜，从配菜就可以看出食店是否正宗，这家做的韩国泡菜，颜色恰到好处，不会染成一片红色，是非常正宗而好味的。这种泡菜，每一家人的做法都不同，但只要泡菜做得好，那做的菜也必然好吃。

我到"梨花园"从来不喜欢叫烤肉或人参鸡，因为这里的招牌菜是海鲜辣汤、生牛肉、炖牛骨头等等。

香辣蟹最惹味了，活生生地用甜辣酱腌制，和醉大闸蟹不尽相同，与潮州人腌熟的道理一样，是生吃的。不过他们是用辣椒把蟹腌熟，很入味，苏玉华说是第一次吃到，相信很多香港人也未试过。

辣杂锦捞面，韩国人很喜欢吃面，我觉得他们的面更有文化。韩式捞面的材料很丰富，面放最底，上面放了鸡蛋、青瓜、牛腱和辣萝卜做配料，吃的时候拌以红通通的韩式辣酱，无论卖相或是味道都是火辣辣的，很适合嗜

辣者的口味，吃起来非常有嚼劲，因为用了手打荞麦面，虽然有一点辣，但吃了以后会令人越吃越想吃。

韩国人的辣和东南亚其他地方的辣都不一样，如果说泰国菜是最辣的话，接着就是马来西亚菜，然后才是韩国菜跟四川菜一起排在最后，而韩国菜的辣味是很清新的。

梨花园
地址：尖沙咀加拿芬道25～31号国际商业信贷银行大厦8楼
电话：00852 27226506

【新罗宝韩国餐厅(韩式火锅)】

韩国的火锅神仙炉，已经有500多年的历史，是当时的士大夫家庭模仿宫廷饮食做的菜式之一，对食材的颜色、材料的配合和刀工都很讲究。韩国人素来节俭朴素，神仙炉里的每一种菜的分量不多，但种类很丰富，包括不同的肉类、蔬菜和菌类等，有萝卜、牛肉、鸡蛋、鱼片、西洋菜、冬菇、红枣、白果及松子，吃了真是快活过神仙。

韩国火锅的材料是煮好后预先放在锅里的，不似我们拿生的食物去焓（粤语方言，意为"灼熟"），而韩国菜不是我们想象的只有烤肉那么简单，还有很多好吃的，神仙炉只是其中一种菜式。

以前牛肉是有钱人才吃的，但每个人都吃的就是泡菜。韩国的泡菜种类比主菜还要多，有新鲜泡菜和古董泡菜之分，新鲜泡菜是指刚刚做好的泡菜。古董泡菜是指泡了6个月的泡菜，单是泡菜已经是一门大学问了。

另一款南瓜汤，是介乎汤和粥之间的食物。这汤反映了韩国人的民间智慧，韩国人在喝酒之前，会先吃一碗南瓜汤，令胃有一层东西保护着，以免伤胃。

新罗宝韩国餐厅
地址：铜锣湾波斯富街99号利舞台广场17楼
电话：00852 28816823

其他异国菜

不同的人来到香港，就会带来不同的东西，譬如文化、语言等，但重要的是他们带了不同的食物来。我们除了尊重他们的食物外，还要尊重他们的宗教。

【清真牛肉馆】

1. 清真牛肉饼是用店家自己准备的馅料，这个馅料最重要的是先冷藏，可以看到有细小的冰粒在馅里。冷藏以后，才会有汁。

2. 饼的皮是用水面搓出来的，水面主要是用水和面粉搓成，质感有韧性不过很黏手。现在别家都用机器打的，但这里仍然用手造，最高的境界就是用手自己搓出来的，意大利人看到这些都说是妈妈做的，即home made（自家制）。

3. 把皮擀成圆形，把馅包进去。新鲜包好的牛肉饼最好是煎好马上吃，现做现吃，一口咬下，汁即喷出。

清真牛肉馆
地址：九龙城龙岗道1号
电话：00852 23822822

【Ebeneezer' Kebab】

我们来试试中东的卡巴（Kebab），这个包有两种馅，一种是羊肉，一种是鸡肉。

在德国，当地人很喜欢吃，是最受欢迎的快餐。不过在土耳其，已经不再是这样的吃法了。以前的肉是平的，一层又一层叠起，里面有肥肉、瘦肉，才是最完美的吃法。

看到切肉的机器像理发器，从刚烤好的大肉柱上切除一片片的肉，感觉很好玩。在薄饼上加上生菜、洋葱、番茄，加点辣椒酱，包起来，再拿去烘一烘，原汁原味，不可不试。

Ebeneezer's Kebab
地址：家沙咀亚士厘道32号地下01C铺
电话：00852 21140999

【巴依餐厅】

我们吃过的卡巴，发源地是伊斯坦布尔，是丝绸之路的一站。丝绸之路其中一站就是新疆，这里的老板马天鹿是哈密人，哈密就是出产哈密瓜的地方。2006年，他移居香港，开了这家菜馆，希望以食会友，令更多人了解他家乡的饮食文化。他做的新疆菜很正宗，做了很多好吃的羊肉给我们吃。

先来个羊肉串，像南沙的沙爹相同的做法，用火烤，应该是由中东传入的。这家店的肉做得很软脸。

很多人不喜欢羊肉的味道，说很膻。想吃羊肉又要做到一点膻味也没有，那么干脆去吃鸡好了。羊肉不膻，女人不骚，都是缺点。

当然喜欢吃羊肉的女人都是好女人。中东那边从丝绸之路一直上去的地方都是吃羊的，这是所有羊肉菜中羊肉为最浓了。

这里的招牌菜是手抓羊，手抓羊很香，有人说羊膻味和羊味是分开的，其实怎么分得开？都是一样的。

手抓羊的制作

煮新疆菜经常会用不同的香料调味，做手抓羊也不例外。正宗的手抓羊是用绵羊做的，将新鲜羊肉汆水之后，用自家调配的香料卤煮。然后加入适量的羊汤，慢火炖4~5个小时，羊肉就会又软又入味了。

来到这店，一定要试我最爱的羊骨髓，又叫"羊拐拐"，把骨里面的精华都吮出来，真是好吃。

如果还嫌羊味不够的话，烤羊腰非点不可，腰的旁边有很多的肥肉，这是天下无敌的美食。

但是如果要吃得豪爽，就要用手拿起整个羊腿来啃，才算最痛快。但有些人说不吃羊肉，是因为他们没试过就说不吃。所有的东西你必须要尝试过，才有资格说好吃不好吃，况且羊肉是肉类中最健康、卡路里最低的。

巴依餐厅
地址：西营盘水街43号地下
电话：00852 24849981

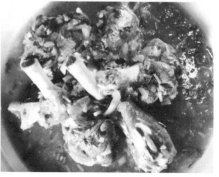

【Balalaika（俄国菜）】

　　吃俄国菜就要喝伏特加，喝伏特加最好的方法是放在冰格里面，而这家店就是用冰做杯来喝伏特加的。香港真是什么都有，在杯中的伏特加变得如糖浆一样，这是真正喝伏特加的方法。

　　中国人一想起俄国菜，就会想起罗宋汤。香港人特别喜欢喝这个汤，这道菜制作起来不难，但也不简单。Amanda S.的奶奶和爷爷都是俄罗斯人，只是住在不同的地方。小时候，他们在家里会说俄罗斯话，可是太复杂，现在她连"是"也不知道怎么说，其实"是"的俄文是Da。

　　这家餐厅做得很出色的奶油牛肉，通常是白色的，俄国菜影响了全世界的菜式就是罗宋汤和奶油牛肉这两道。

　　俄罗斯人冬天时会吃一种烙饼，有钱时就加鱼子酱，没钱就加酸奶。这些鱼子取自鲟鱼；这个鱼卵是用盐腌的，用太多盐腌就会太咸，如果盐不够就会变坏。

Balalaika
地址：香港中环德己立街55号LKF Tower阁楼
电话：00852 35792929

【成发椰子香料】

　　我们提到煮咖喱，其实咖喱是很容易做的食物，先拿一个洋葱切粹，放油爆香，加咖喱粉，炒一炒；然后可以放鱼或肉类，再在一起炒匀，倒入椰浆一煮，就是咖喱了，非常简单！但是你要知道要煮什么咖喱，哪里的咖喱。我们香港人不懂，以为咖喱只有一种。其实咖喱是分为印度的、印尼的、马来西亚的、新加坡的等等，还有很多不同的种类。这家店有很多不同颜色和种类的咖喱，如果你不想买已经混好的，就自己来调配，做咖喱的原料有丁香、黑芥子、肉桂，加起来就做出咖喱粉的味道。有一种香料叫咖喱叶，这里有新鲜出售，加进去特别香。

　　自然界有很多颜色。一黄一红，用了最好的两种香料，已经可以有很好看的颜色。红色的是用来煮猪肉或卤肉的，叫红糙米；另外有一种叫咖喱米，越南人和菲律宾人都很喜欢用。这两种都是天然的红色。印度人煮咖喱很少用椰浆；马来西亚、新加坡、印尼人会用很多椰浆。他们一般都会用现成的椰浆，这家店也有我最喜爱的椰浆。我建议你先吃咖喱，吃了再研究，看看哪一种味道你比较喜欢，那样就可以买一些香料自己来调配。

成发椰子香料
地址：湾仔春园街18号地下
电话：00852 25727725

【Viceroy Restaurant & Bar (印度菜)】

这是一家香港最正宗、最好吃的印度菜馆。我和Amanda S.都在印度住过，对印度都很熟悉。人家以为印度只有咖喱，其实不只是咖喱，还有很多不同的菜。

先来个腰果滑汁鸡（Chicken Korma），所谓Korma是个煮法，用咖喱粉或者香料，加入很多腰果春碎以后煮出来的，味道很香，却完全不辣。

接着上桌的是巴辣鱼（Meen Vindaloo），这是一种很出名的咖喱（Vindaloo），Vindaloo应该是从葡萄牙文翻译过来的，即是vinha d'alhos。Alhos是指蒜头，vinha就是酒，这个咖喱就是用酒来煮的。

惹味的辣椒大虾（Prei Prei Prawn），Prei-Prei是一种酱料，里面有很多蒜蓉，又甜又好吃，配海鲜是最好的。

印式鸡肉饭（Dum Chicken Biryani），这里做得最正宗的菜式，别具特色。一定要用一个锅，或铜或银。炒了饭，放在里面，再用一块面包密封，让热量把饭焗热，而用的是长形的印度米，里面有一点红红的是一种很贵的香料叫藏红花。

如果吃到中途，感觉好饱或者菜还没有端来的话，就可以用面包蘸些芒果酱，又酸又咸，吃了以后，食欲大增，又可以再吃了。

吃完可在门口的小碟中抓一些香料来漱口，比口香糖文明多了。

Viceroy Restaurant & Bar
地址：湾仔港湾道30号新鸿基中心2楼
电话：00852 28277777

粥面、甜品

在香港，我们经历过吃鲍参翅肚那暴发户心态的阶段，现在返璞归真，追求云吞面这样简简单单的食物。我们很幸福，在香港到处都能吃到，一般来说水准都不错。

蔡澜

云吞面

香港的经典美食云吞面绝对具代表性，也是香港人最爱的面食之一。经典不分时代或地域，最重要是味道是否可以保留得原原本本。云吞面是广东著名面食之一，香港及广州有不少著名云吞面店，云吞面的传统打面方法，就是用竹升大力压制，再切成面条，而传统云吞是用猪肉、虾肉、云吞皮制成。

云吞其实正名为"馄饨"，俗称"细蓉"，广东人说馄饨难听，像指傻瓜"混混沌沌"的样子，后来才取了"云吞"这个又美又有诗意的名字，现在洋人也接受了这种中国的食物，并有"Wonton"一词的衍生。

【何洪记】

何洪记是最具代表性的传统云吞面店之一，它的历史最悠久，这家店在香港开业也有60多年了，掌舵的何冠明先生是香港数一数二的云吞面世家第二代传人，继承了爸爸做云吞面的传统手艺，他希望将传统不断延续，发扬光大，对于自家的云吞，他坚称是100%依据传统的做法。

其实面只有七钱重，云吞每个都小巧精致，还留有像金鱼尾的一条小尾巴，让人吃到最后有滑滑的感觉。云吞采用了猪肉、肥肉、虾三样馅料来配搭。有些人说光要大虾就够，何先生本人十分反对，他认为虾有鲜味，肥猪肉有一点甘甘的味道，瘦肉则有甜味，加起来才是真正的云吞；而面最重要是要有面味，软滑而带点爽口，咬下去将断未断之间，很有弹性，才叫最好的云吞面。

这家店保留了传统，用了猪油、麻油及生抽来配合汤的味道。云吞面的精髓是汤要够清，味道要够浓。用料、时间、火候都是缺一不可的。先将晒干的大地鱼用火灼至金黄色，助其出味，加上排骨、虾米、虾子以文火一起熬五六个小时。

从传统来看，吃云吞的时候是以酸菜和着吃的，是因为酸菜令人开胃，可让客人吃完再吃，这种传统在何洪记以外的面家都不再保留了。云吞做得好的人不多，何洪记的一碗云吞面，代表了两代人的坚持，在现今商业社会中显得格外难能可贵。

何洪记
地址：香港铜锣湾霎东街2号

【刘森记】

竹升面，是传统做面的技术，年届七十八的森伯刘廷森，是香港极少数仍然懂得做竹升面的人，他15岁后跟爸爸学打面，少年时代于广州学艺，可说是现今年纪最大、辈分最高的制面师傅，至今他仍坚持每天亲制新鲜的竹升面给客人品尝。积累了超过半个世纪的经验和技术，森伯的竹升面享负盛名，证明只要肯花心思、肯努力，一定会得到认同。

估计香港现时尚有三家会做竹升面的面店。拍刘先生做面，他老人家粗口满天飞，在节目出来时已剪接，要不然就更为生动。

竹升面的制作

1. 开塘：在10斤面粉当中打入60只鸭蛋（因为加入鸭蛋做出来的面会比加鸡蛋的面更爽口）；

2. 搓面：加入碱水，以手搅拌，如果功夫不够的话，蛋汁会很容易溢出；

3. 坐竹升：师傅坐在竹升一段，重复力压竹升另一端下的面团，压薄后再切成面条。

干捞面

一般吃的云吞面都是有汤的，没汤的叫干捞面。我比较喜欢吃干捞面，因为更能吃出面的质素和味道，原味也不会被汤掩盖，这种吃法是广东式的。

由干捞面变化出来的有虾子捞面、炸酱捞面、猪手捞面、牛腩牛筋捞面，而刘森记特创的是牛百叶捞面。

原来虾子捞面必须用猪油来做才会好吃，而从一条条的面，就让人看出是用竹升打出来的，它有些不规则的地方，跟用机器切出来整整齐齐的很不一样。另外还有一个传统是很多面店已经不用的，就是酸葡萄，其实这是很聪明的做法，因为酸葡萄更能刺激胃口，吃完可以再吃。

刘森记
地址：九龙深水埗桂林街48号

【黄枝记】

黄枝记是澳门过江龙，他们的面不像香港人用那么多碱水，面条较为柔软，不那么爽脆。

黄枝记云吞面家在澳门已有60多年的历史，第三代传人黄天，往香港打天下，老店在铜锣湾，当今已搬到中环威灵顿街来。

店内宽阔，分两层，主人黄天的书法甚佳，壁上一对对联"无酒安能邀月饮，有钱最好食云吞"出自他的手笔。

澳门面条一向做得和香港一样出色，有些人还特别喜欢。黄枝记的面条，特点在于不加碱水。

面条都是人手打造，厂房在澳门。

店内装修得古色古香，爬上楼梯，可入二楼雅座，中环上班人士多在此歇一歇脚，吃碗云吞面。

店里一角，是个水吧，不吃面的也能当它是茶餐厅一样，来此喝杯咖啡或茶。

除了云吞面，这里的牛腩面也很精彩。

及第粥也不错。

我是个面痴，所有面都喜欢。

黄枝记
地址：香港中环威灵顿街15号B地下
电话：00852 28691331

寻求一碗完美的云吞面，到了发源地的广州拍摄。吃了几家，都不满意。有一家还很搞笑，有根电动的竹升打面，像个机器人。

广东的云吞面在"文化大革命"时有了一个断层，经济改革后，本来可以做回原味的，但老板们的心思花在做云吞上，加了个小鲍鱼、江珧柱、假鱼翅等来卖高价，面条不用心做，怎么做得好？

我这么一讲，后来在网上有很多声音反对。以为中国人是绝对不接受批评的，原来也有一群人同意我的说法，在网上和那些说我坏话的人骂战起来，为了食物而争吵，也是十分有趣的事。拍摄期间并没有很特别的趣事，只是两位女主持和我分享了吃猪油的乐趣，她们都认为很香，尤其是吃捞面，非加猪油不可的原理，深深了解。请了倪匡兄做嘉宾，他不大出声，拼命吃，这是他聪明之处。后来说到家庭主妇炒桂花翅可用粉丝去代替时，倪匡兄立即捣蛋："家庭主妇不必做家事和管小孩的吗？哪有时间去用心做菜？"本来可以回敬他一句的，但也任由他放肆，赔笑而已。

云吞面大比拼

香港	澳门	广州
•加碱水 •面条较弹牙 •汤清，味浓 •部分仍保留传统，以酸菜和着吃	•不加碱水 •蛋味浓郁 •面条较柔软不那么爽脆	•云吞面的发祥地 •汤清又美味 •加入不少创新的款式

粥的文化

粥也是点心之一，由白天鹅宾馆的丘师傅为我们炮制了一锅灯芯草粥。制作材料有新鲜的木棉花、灯芯草、土茯苓、扁豆、赤小豆等，都有祛湿的功效。西汉时期，北方人到南方，因为水土不服，就是靠这个粥救了他们。煮粥的米要泡上1小时左右，材料先放入煲内煮沸，水沸后放入米、灯芯草和先用热开水烫过的新鲜木棉花，灯芯草可于药材店买到，而新鲜的木棉花则要在春天盛开时才有。这个粥是我最喜欢的，但是在香港吃不到，大概是嫌它不够高级吧。

另一个是正宗荔湾艇仔粥，材料用土鱿丝、叉烧、肚丝、炸猪皮，煮粥时将这些材料放进去，上碗后撒以油条碎和花生，色香味俱全。

此粥起源于荔湾的沙基涌，沙基涌地处海边，以前有些艇家在船上备好材料，客人一到，把粥一舀下去，材料即熟，自此流传。另外，我们还尝了以新鲜鱼片制成的生滚鱼片粥及西洋菜鱼丸粥等等。

【生记粥品专家】

在香港，我对欧镇江主理的生滚粥特别欣赏，他每晚亲自炮制粥底，一直保持着高水准，是粥店的幕后功臣。

一般粥店只能点普通的及第粥或鱼片粥等，但在江哥主理的生记，你想到什么都可以任意搭配，芬姐是粥店老板，记性极好如电脑，客人说过什么她都可以记得。这次我的粥选了鱼鳔、鱼腩、粉肠、肉丸和牛肉五种材料，苏玉华选了及第粥、鱼片和皮蛋，Amanda S.则挑了肉丸、猪膶和皮蛋。

生滚粥材料讲究新鲜，煮粥的时间和火候也要控制得恰到好处，每一个细节都有学问，也是经验累积而来的成果。从大锅中把粥舀到中锅，再舀到小锅，按客人要求分别加入食材，不消一会儿，一碗又香又稠、材料十足的生滚粥就做好了。

我很喜欢吃鲩鱼片，以前的人都会吃生鲩鱼，但现在都有点害怕，因为污染的关系，所以没人吃了，不过可以拿了生鱼片放在粥里，由于粥滚烫，一夹起来鱼片为半生熟，又甜又滑。鱼鳔，一定要早一点来才吃得到，半日很快就卖完，因为一条鱼只有一个鱼鳔。

每天凌晨3:55，在大家还睡得香甜的时候，粥店已经开始准备，江哥便开始煮粥底了。先要熬汤，用大量猪骨、粉肠、干贝等等熬成汤之后再将米放进去熬，每隔5～10分钟就要搅动一下，避免粘着锅底，虽然只是简单的步骤，但绝对不容松懈，一直到清晨6:30，粥底总算大功告成。

很多地方的粥没什么味道，感觉是把东西放进去而已，但在这里就很不一样，这里的生滚粥，材料的鲜味都渗进了粥里。外国人没有吃粥的文化，如果外国人吃到这样美味的粥一定会非常喜欢。日本也没有吃粥的文化，日本人是病的时候才吃粥的，吃粥加上这么多材料，只有我们中国人才有，实在感到非常幸福。

生记粥品专家
地址：上环毕街7号地下

名厨出招 失传名菜

失传的名菜有 "双龙竞艳"，是用龙虾和龙趸皮做的。"桂花炒津丝"的"津丝"就是最普通的粉丝，美其名而已。炒蛋时用锅铲压了又压，压成桂花的形状。这已是天下美味，不必捕杀鲨鱼。

双龙竞艳

双龙竞艳，即龙趸皮炒虾球，龙趸皮光泡发已用很长时间，这次用了龙虾肉。先将龙趸皮放入锅中，放入汤和油煮去其腥味；龙虾球泡油，将大虾球的肉汁锁住，鲜味就不会流失；以料头虾子、姜粒、蒜蓉将龙趸皮爆香，加入龙虾球后放入芡汁。

双龙指龙虾和龙趸皮，龙趸皮的味道很好，倪匡也大赞比花胶更好吃；龙趸皮以前一般多用以红烧。在满汉全席的菜单中，龙趸皮配鲍脯，叫昆仑鲍脯。鱼皮看上去黑黑的，事前一定要泡在水里一会，还要用石头磨掉外面那尾黑黑的东西，再用冷水冲，这道菜很考功夫。

礼云子蛋清

礼云子是用一种很细小的蟹，由于常以钳作散礼状得名，正式名称叫"蟛蜞"。这种小蟹在宁波、潮州也有，腌制后可配粥吃，甘香美味。外形虽小，但打开里面有很多卵。这道菜就是用礼云子的卵来蒸鸡蛋，炮制一次要用约200只的礼云子，入口甘香葱味。

桂花炒津丝

这道菜主要材料包括蟹肉、豆芽菜、粉丝、蛋，是一道很简单又很难炒的菜。说穿了桂花其实是鸡蛋，津丝其实是粉丝。将粉丝泡上汤里，放进蟹肉、豆芽菜，鸡蛋要炒碎炒散，炒成一个一个像桂花状，这样炒法全靠经验，这道菜煮得好的话，口感和鱼翅一样，不用吃鱼翅了。

甜品及零食

中国人吃甜品的历史已无从稽考，但香港人做甜品就越来越出色，不仅保留了传统的制造方法，也加入了新元素，越吃越精彩。

甜品老店

【源记甜品】

中国有个传统观念，就是饭后吃甜品。现在的甜品种类多不胜数，有传统的、创新的、融合的，可说是各适其适。

说到甜品，一定要来源记这家老字号，已经开了100年，是真正的老店。以前开在荷里活道，搬过两次，在西环的这家铺也有几十年了。每天都吸引了很多人来光顾，城中的名人也会来。开店本身不是难事，但要维持那么久就不容易。老板说他的第二代念过书，个个有专门的学识，不打算接手这门生意，所以他会把生意交给伙计打理。

广东人都很注重滋补，常说要润肺、润喉。这家的桑寄生莲子蛋茶、芝麻糊等，都是最基础的甜食。桑寄生可以降压，高血压的男人或怀孕的妇女吃这个甜品是最好的。加一个白煮蛋，是祖父那一辈留下来的做法，而蛋更要煮得黑，煮到入味，一定要煮到里面有桑寄生的香味，中国人都相信它有滋补的作用。

另外，这家店的海绵蛋糕，是最简单的东西，但很好吃。

源记甜品
地址：香港西营盘正街32号地下
电话：00852 25488687

【公和豆制品厂】

中国人最传统、最受欢迎的甜品，就是用黄豆做的豆腐花。这家豆制品厂已经有超过100年做豆制品的历史，做法依然采用传统的方式，只是部分工序加入了现代化的机器。

以前卖豆腐花的人，一般都是骑着一辆自行车，拿着一桶豆腐花，然后大声地叫卖。我问过卖豆腐花的人，如果喊到出不了声时怎么办？他告诉我会去药材铺买些蒲公英煮水喝，喝了就会开嗓子，可以继续叫卖。

这家店的老板已经是第六代传人，他说以前骑自行车卖豆腐花的人，都是向他买货，听他的女儿说会承继他的事业，我就感到放心了，大家仍可吃到这种传统的古法豆腐花。

公和豆制品厂
地址：九龙城福老村道67号公和楼
电话：00852 27180944

新派甜品

【糖朝】

这家店有传统的，也有新派的甜品，最传统的有芝麻糊、手磨核桃糊等。做得很用心，都是用手磨的。

原木桶豆腐花是这店招牌甜品之一，豆腐花一般都装在大桶里，这么一小桶，可以自己舀，吸引越来越多人来这里，又可以吃又可以玩。所谓天下文章一大抄，你抄下我，我抄下你，但好像这么小桶的豆腐花，第一个做了以后，其他人做就变成了第二。其实不怕其他人抄袭，看谁做得好最重要。

新派的甜肠粉也很有特色，用蒟蒻粉做肠粉，再加上椰汁。芝麻糊清炖官燕，燕窝对皮肤好，是要长期吃的。我妈妈从前就是长期吃，所以她的皮肤特别好。

除了甜品，还有咸点、炒粉面饭、酒楼点心等，而且样样都做得很出色，所以一日三餐的时间都座无虚席。

十多年前，本来只是跑马地一家小小的店铺，但现在已发展成为拥有十几家分店的大企业，其中有8家分店开在日本。这是一个活生生的例子，证明只要肯用心去做的话，总会做出好成绩。

糖朝
地址：尖沙咀广东道100号
电话：00852 21997799

【满记甜品】

　　满记甜品的特色是分为榴莲区和非榴莲区，顾客可以按其喜好入座。香港在近几年才流行吃榴莲，泰国的榴莲是摘下来后，等它变熟了才拿去卖，懂得吃的人就喜欢吃马来西亚的，因为榴莲是熟了才掉下来的。这家店最初是因为卖榴莲卖得出色，所以很多人即使路途遥远也要来吃。

　　如果不爱吃榴莲，我会建议一种方法，把榴莲放在冰箱里冷藏，冷藏至没有什么味道，然后用刀切成片状，就这么一片一片地吃，吃起来口感像雪糕一样，吃着吃着就会上瘾，不知不觉会爱上它。打开这世界的门，爱上榴莲，又是另一个宇宙。

满记甜品
地址：西贡普通道10号A、B、C地下
电话：00852 27924991

【许留山】

　　早在1950年代，创办人许留山在元朗街头售卖龟苓膏和中药，至1960年代，他在元朗炮仗坊开设凉茶铺，售卖凉茶和龟苓膏。

　　后来因为竞争大，要找出路，就想到做甜品了。卖甜品是最本小利大的行业，如果做得普普通通，也可以生存；如果做得出色，更会赚很多钱。既然材料这么便宜，为何不多用一点呢？于是想到用芒果做材料，在甜品上加大量的芒果，不惜工本的大方行为，使人印象深刻，推出"芒果西米捞"，结果大受欢迎，一炮而红。

　　之后推出的芒果布甸、芒果捞野也很精彩，香味浓郁，口感一流。这家店铺在香港已开了43家分店。

许留山
地址：旺角豉油街60号鸿都大厦地下2号铺
电话：00852 23889633

鲜果、朱古力、雪糕

【油麻地果栏】

在近一百年历史的油麻地果栏，由当初的露天市场，到今天被高楼大厦环绕着，营运时间一直都没改变过，都是由半夜开始。

果栏的店铺分三段时间做生意：第一段时间23:30～02:00，买手会走遍整个果栏，选最好吃、最新鲜的水果，价格贵一点也没关系；第二段时间即3:00～5:00，来的人就比较随意，碰到合心水果就买；第三段时间即6:00以后，来的人要买便宜货，打算买回去再转售。想买好的水果就要早一点来，一般的黄皮有很多核，但这里有种没有核的，到果栏才买得到，非常抢手，晚一点来都会买不到。

在20世纪60～70年代，人们买东西会用一种密底算盘议价，目的是不想其他人知道自己用了多少钱来买东西，果栏至今仍然保留这种传统的议价方式，算是果栏的一大特色。

果栏商店不只有从油麻地街上看到的那几家，走进去还有很多铺子，我经常光顾的一家叫"志生栏"。

周润发也去过，在墙上签了一个大名，该店的老板也叫我写名字，我提起笔，在周润发的名上写"之下"二字，再签自己名字上去。

油麻地果栏
地址：九龙油麻地新填地街与渡船街交界

【永富食品公司】

在香港，我们可以吃到不同产地的水果，如泰国番石榴、西施柚、以色列柿、日本亚历山大提子、台湾方形西瓜、日本人面西瓜等，有种叫哥伦比亚金果，多汁又甜美。

这家店有一种特别的心形西瓜，很好看，味道非常清甜。栽种这种西瓜的成功率很低，如种二三百个，只有两三个成功，要用特别的模来种，在它们旁边种些圆形的西瓜，让它吸收养分，令形状成为心形，要花很多心思，所以售价是7000一个。Amanda S. 说如果情人节有情人送这份礼物给她，就一定会爱死他。

老板说我们是全港首批试这款西瓜的人，我也邀请老板娘来试，分柑同味，不过我仍是觉得马来西亚西瓜比心形西瓜更甜，而且只卖10块美金。

说到底，我们可以选择不同味道、不同形状、不同产地、不同价钱的水果，总之丰俭由人，所以我们最幸福。

永富食品公司
地址：九龙城侯王道47号地铺
电话：00852 27182688

【香港JW万豪酒店】

今次我们闯进煮西式甜品的酒店厨房内，真是感到很幸福，走进人家厨房的心脏地带参观，在甜品主厨吕德辉的厨房里，我们找到很多造饼的原料，朱古力粒、核桃、腌好的橙，等等，都整整齐齐地排成一列，如果家里也可以这样你说多好。

吕德辉体格魁梧，"分量十足"，他为我们示范朱古力忌廉配青柠檬棉花糖柑橘汁，朱古力薄脆（Chocolate Terrine）表面有青柠檬棉花糖，配上朱古力，口感较丰富，味道浓厚，但不觉腻，既浓郁又轻盈，很难做到。我最喜欢简简单单的、不花巧、不复杂的东西。

之后，他再做了白朱古力配乳酪脆片及热情果汁，用白朱古力来做，材料有红桑子、风登糖（Fondant），干的乳酪则放在甜品的上面，还有热情果，再把朱古力挤在红桑子的小孔内。红桑子带酸，跟白朱古力慕丝一起配合，加上乳酪干的脆度，一点也不腻。Amenda S.和宇诗也连声叫好。

接着，吕师傅又做了红桑梅朱古力忌廉配酥脆红桑梅及香草橙汁。此甜品不能用黑朱古力去做，黑朱古力味浓，会盖过红桑梅的味道，要用牛奶朱古力，甜品表面的那层黑色的外层，做出云石纹的效果，看上去也挺浪漫。

一般来说，甜品我只会吃一口，不好吃的话，我吃一口就会放下了，这次我吃了两口，即表示味道非常好。

香港JW万豪酒店
地址：香港金钟道88号太古广场
电话：00852 28108366

【GODIVA】

有关GODIVA背后有一个故事，在1043年，英国有个小镇，麦西亚伯爵利奥夫里克（Leofric, Earl of Mercia）为了打仗而征收重税，但他那善良的戈黛娃夫人（Lady Godvia）为了人民，不想他们受苦，恳求丈夫不要征收重税。利奥夫里克宣称只要她能裸体骑马绕行市内的街道，他便愿意减免税收。

戈黛娃夫人果然依照他的话去做，向全市宣告命令所有人躲在屋内并拉下窗帘后，她赤身裸体，只披着一头长发，骑马绕行高云地利的大街。

之后戈黛娃的丈夫遵守诺言，免除了繁重的赋税。

对于朱古力，我们各有喜好。我不喜欢吃黑朱古力，只喜欢吃有牛奶的朱古力，因为做人已经很苦，不要再苦了。Amanda S. 则喜欢黑朱古力，因为多吃也不会发胖。

以前朱古力是一种非常昂贵的食物，到了17世纪末期，有了大规模生产，令朱古力的价格变得大众化，到今天朱古力的吃法已经千变万化了。

Godiva
地址：中环国际金融中心1楼1029～1030号铺
电话：00852 28050518

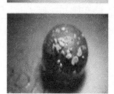

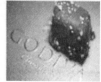

【Chesa】

朱古力是女士们的至爱。女士们怕吃又爱吃，如果加上一些水果，吃的时候便可减低罪恶感，因此瑞士朱古力火锅自然得到女士们的垂青。

朱古力火锅是由芝士火锅演变而来的。将朱古力放入锅中煮熔，加入奶油，让朱古力变得更软，倒入预热的锅中，然后用叉子叉起水果、饼干或面包，蘸上朱古力来吃。朱古力真是令人越吃越想吃，越吃越开心。人生没有比开心更重要，年纪越大你就会发现开心的时候已经越来越少了。

Chesa
地址：尖沙咀疏士巴利道九龙半岛酒店1楼
电话：00852 23153169

【Mado雪糕咖啡店】

早在20世纪80年代，香港已经出现了专卖雪糕的店铺，当时大受欢迎，时至今日雪糕的品种、选择、款式都非常多。

有一家土耳其雪糕专卖店，别具特色，创造出铁板雪糕，把雪糕拿来炒，因为雪糕里加入了一种含有天然胶质的兰花茎粉，提高了雪糕的黏性，再加上各种新鲜水果和干果，在一块零下15℃的特制低温铁板上炒匀，真是很特别！你可以选择放在这格子脆筒里吃，又是另一种特色。

想不到在土耳其这个地方会弄出这种雪糕来，而且做得很出色。但不知道是意大利人影响他们，还是他们影响意大利人，两地的雪糕都很类似。

为什么会想到开土耳其雪糕店？老板说是一个偶然的机会，去了韩国旅行，发现其中一个景点有师傅在拉雪糕，非常特别，发现这种雪糕的质感很有黏性，便马上收集资料去土耳其的卡赫拉曼马拉什，学做雪糕，又把师傅请过来，在香港开起店来。

又是去外面走走，看见有什么新奇的东西，带回香港，发挥香港人的创意。老板的脑筋转得快，值得我们学习。

Mado雪糕咖啡店
地址：九龙湾宏照道38号MegaBox1楼47号铺
电话：00852 23590190

【富豪雪糕】

听到《蓝色多瑙河》这乐曲，你会想起什么？会勾起哪些回忆？

听到这首曲子，就知道有雪糕车来了，这是香港人由小吃到大的富豪雪糕。

我吃了那么多雪糕，还是觉得香港的雪糕最好吃，又滑又香，比北海道的、意大利的、法国的都好吃。

香港的富豪雪糕车，车身是白色，而车顶及车头分别是蓝色和红色，车身写上"每天新鲜为你制造"的标语。

每台雪糕车只能安装一部软雪糕机，因此每台车只有一种口味，就是较为大众化的云呢拿味。由于政府自1978年起停止发出流动小贩牌照，因此香港的富豪雪糕一直只能维持14辆车的规模。幸好政府继续发牌照给他们，才让这些雪糕车一代一代地流传下去，不会变成历史。

富豪雪糕的历史

富豪雪糕由威廉·康韦（Willian Conway）及詹姆斯·康韦（James Conway）于1956年在美国宾夕法尼亚州的费城创立，目前它是美国最大的软雪糕特许经营公司，约有350个特约经营者及600辆卡车散布于美国15个州，另外更遍布英国、香港和上海等世界各地。现时富豪雪糕的总部位于美国新泽西州的兰尼米德市。

富豪雪糕
地址：香港中环天星码头

饼类、零食

【陈意斋】

　　以前很多糖果都是人手做的，如花生糖、芝麻糖等，一些小工场会生产凉果，然后批发到士多（"士多"即英语store的音译，在粤语中指便利店或超市）或饭馆出售。提到老字号，他们仍旧坚持自己生产糕点，至今已经寥寥可数，大家都要好好珍惜。

　　这家饼店的扎蹄很出名，薏米饼、燕窝糕也很好吃。我们来到他们做糕点的工场，看看做燕窝糕的过程：首先预备燕窝碎，要泡过和炒过。制造时要先把加了葡萄糖的熟糯米搓匀，然后铺在模子里做最底的一层，铺好之后，用木板压一压，但不可太大力，否则吃下去不够松软。接着就可以铺上炒过的燕窝碎，最后再铺一层糯米粉，像三明治一样，拿去蒸大概10分钟就大功告成了。

　　这家的杏仁露很出名，可加水来冲，已是独一无二了。杏仁霜用来做西饼是最合适不过，味道香浓。

陈意斋的历史

　　陈意斋是一家历史悠久的中式饼家，1927年由陈照环始创于广东佛山，之后把生意转移至香港，现在分销店有三家，分别在皇后大道中、铜锣湾和尖沙咀。陈意斋的产品有家乡风味，或称土产，例如杏仁饼、燕窝糕、薏米饼、虾子扎蹄、凉果甘草榄、话梅、柠汁冬姜、川贝陈皮、参贝柑橘等。

陈意斋
地址：香港皇后大道中176D号
电话：00852 25438414

【柠檬王】

很多旧的东西都有它的存在价值，好像干果零食，中环的柠檬王就是代表之一。柠檬王的档主唐崇超，他的父亲以前用的是手推车，唐先生现用的是新款的，也有宣传的效果。这家已经好吃得变成了一个地标，古法炮制，只此一家。

以前是用一个缸，将缸翻过来，用缸底来磨原材料泰国青柠檬，不过现在已改用机器了。加入砂糖、盐、柠檬酸和一些香草腌制，不放糖精，就最好吃，因为有天然的甜味。还可以放一点甘草粉制成甘草柠檬，因为甘草可以清热解毒。

以前流动小贩牌是不可以传给下一代的，现在政府也算做了一点好事，发了固定的牌照，店铺就可以永久经营，如果不发牌照，这个正牌柠檬王早就绝种了。

今天我们仍然吃到这么传统的食物，全靠他们的坚持，不言放弃地经营下去。

柠檬王
地址：中环永吉街车仔档
电话：00852 92522658

【泰昌饼家】

泰昌饼家每天新鲜出炉的蛋挞，连前港督彭定康也曾光顾过。这家的招牌蛋挞做得很出色，每天热腾腾地出炉，一天就能卖约2400个。

其实蛋挞是由外国传入香港的，20世纪40～50年代，在茶餐厅很流行，再演变成上酒楼饮茶也能吃到的小蛋挞。一杯奶茶或一杯咖啡配一个蛋挞就可以当下午茶了。

这家店铺在1954年开业，是一家传统的饼店，连做蛋挞也坚持用传统方法手工制造。跟现在很多饼店用机器做蛋挞相比，除了富有特色外，还多了一份人情味。为了配合想减肥的人，可以试试蛋白蛋挞。莎翁和叉烧批也让人一试难忘。

泰昌饼家
地址：中环摆花街35号地下
电话：00852 25443475

【Cérès Boulangerie et Pâtisserie】

　　几年前，有一对小夫妻参加了我的旅行团。我问他们想做什么，他们本身都有正职，但希望开一家饼店或甜品店，我听到后觉得很温馨，以为只是说说而已，谁知道后来他们真的开了店。

　　李兆伦原本是打理家族包饼材料生意，结婚就开了这家饼店。太太负责钻研和设计西式西饼，李先生则负责饼店的日常工作。

　　开一家法式西饼店，一直是夫妻俩的梦想，高薪厚职都不及两人对做西饼的热情。他们虽然不是做西饼的大师傅，但他们有共同的兴趣，有着同一个目标，就是要创造出更多有特色、有新鲜感的面包及西饼。

Cérès Boulangerie et Pâtisserie
地址：九龙城福老村道19号
电话：00852 27183383

香港私房菜

我很喜欢私房菜的精神，店子小小的，厨师有什么就煮什么给客人吃，客人和厨师之间更可互相交流。

蔡澜

【黄色门厨房】

　　香港早期的私房菜多以住家形式经营，一般都是楼上铺，厨师的厨艺往往是私房菜的卖点。10年过后，香港著名的私房菜已经成为了持营业牌照的食肆，而且依旧保留独有的特色。

　　这家私房菜的老板刘健威是一位艺术评论家。当年，要争取餐厅营业牌照是非常困难的事，又常被政府罚款，于是就一边经营，一边被罚。我跟刘先生建议干脆开私房菜吧，当时，我也不当一回事，但后来刘先生真的开了铺。

　　以前的私房菜是做道会的，或者大厨自己出来开两桌煮给大家吃，真正的私房菜是刘先生搞出来的。当初开始是非法的，时常给"放蛇"，让人走进店内收集证据，然后票控。刘先生认为经营私房菜不能永远无牌，这样对其他从事饮食的人很不公平。如果有稳定的客源，挣够了钱，私房菜就可以稳定下来。

　　我很喜欢私房菜的精神，店子小小的，厨师有什么就煮什么给客人吃，客人和厨师之间更可互相交流。

　　私房菜的特色，就是餐厅内桌子很少，地方也不算大，但要客人吃得满意，煮的人感到满足。此外，吃私房菜并不是走在大街上，看见这家店铺好像很吸引人就

进去试，而是要有人介绍才知道，而且又不容易找到。刘先生将这家店交由他的儿子刘晋主理。

师傅为我们煮了川烧牛尾，把整条牛尾放进热开水内汆水，然后刮毛，在炭炉中烧，烧好后把金黄的那层刮掉，再切块，红烧数个小时后，牛尾会软得像果冻一样，轻轻一咬，肉就自然从骨头跑出来。

说到鸡油菌桂鱼卷，时令的鸡油菌是从云南空运而来的，独特的香味，加上新鲜的桂鱼片，卷起来一起蒸，简单味美。

其中一味很特别的金针糯米团，用糯米做出来的饼，中间混了红萝卜和虾米，吃起来有嚼劲，味道很香，其他地方是吃不到的。

黄色门厨房
地址：中环阁麟街37号祥兴大厦6字楼
电话：00852 28586555

【留·上楼】

试过刘健威的儿子所主理的黄色门厨房，现在就去刘建威亲自主理的留·上楼。这里的地方小小，设计大方，反映了主人家的品位，餐厅还有一个阳台，三五知己，在那里可以轻松地吃吃喝喝，舒适无比。

我们试了烟枪鱼，广东人一直比较开放，受外来的影响。这道菜受了俄罗斯菜的影响，像罗宋汤一样，腌料有洋葱、番茄、胡萝卜、芫荽、西芹。材料搅拌后，把鱼放进去腌两个多小时，放干，再焖熟，吃起来口感十足。

白肉藏珍是20世纪50年代很流行的一道菜，味道比较清淡。把冬瓜蒸至软稔，里面藏鸡肉、鹅肝、鸡肾，然后把干贝盖在上面就可以了。

琵琶翅是一道很古老的菜，传统的做法是把鱼翅、鸡蛋、火腿和芫荽一起放在匙子上蒸熟，然后煎香，工夫较多。上面再加海胆，令味道和口感都很丰富。

招牌菜柴炉花雕鸡是20世纪60年代一道得奖的菜，做法现在比较少人采用，因为所花的工夫较多，要把鸡调味、蒸熟、吊干，再焗熟，接着炒香花雕、洋葱，把鸡切好放下去，最后加上酱汁。工序比较繁复，但味道丰富，一打开就很香。鸡皮是最好吃的，女士们吃鸡时会把皮撕掉，实在可惜。

总结来说，私房菜让客人吃得舒服，就像是借用了人家的厨房，吃一些有心思的家常菜。最重要的是有个性，因为在食肆吃饭，客人不知道是谁在做菜给自己吃，在私房菜里，就可以吃到厨师的风格。

留·上楼
地址：天后清风街9号宝德楼1字楼
电话：00852 25710913

【大平伙】

在香港要试四川的私房菜，非此家莫属。这家店的主人是画家王先生，他的太太的厨艺很出色，这家私房菜把艺术和饮食结合起来，店内放置了很多王先生的艺术画。

我第一次见到老板娘王太太，就在刘健威的家里。刘健威跟我说，有一个从四川来的女人做的菜很了不起，我一听到要吃四川菜，马上就去，记得那时很少有机会可以吃到四川菜。我就叫倪匡兄去，他更带了金庸先生赴会。结果，一个小小的房子内，有三十几位客人。后来，见王太太买菜回来，手里只拿着两个小小的菜篮，客人正惘怅之际，王太太却有本领把那么少的菜化为神奇，使三十几人都吃得过瘾，令我们都甘拜下风。

说到鸡豆花，四川菜不一定是辣的。这道菜由蛋白、鸡蓉、云南菇、鸡汤煮成，鲜甜美味，味道浓，但汤很清。

著名的口水鸡，这道菜背后有一个故事。以前郭沫若有一本小说，里面有个人物洪波曲，对于小时候吃过的菜，记忆最深刻的是他母亲为他做的这道菜。后来他远游外地，每次想起这道菜就会流口水，所以就叫口水鸡了。

充满家乡农村风味的粉蒸排骨，材料主要有番薯和米粉。米粉炒香了，排骨调好了味，再撒上米粉，拌在一起，加番薯蒸两个小时。味道是辣中带点甜，肉蒸得比较烂，连骨头都有味道。

另一道红烧牛肉，用四川寄来的辣椒、竹笋煮成的，吃得出那份地方的风味。如果吃过此菜，再不用吃台湾牛肉面了。

王太太本身是一位歌唱家，食完她煮的菜，再听她高歌一曲，包你身心都得到无比的满足。

大平伙
地址：中环荷李活道49号鸿丰商业大厦底层
电话：00852 25591317

【Chez Les Copains】

我带Amanda S.去西贡试一试法国的私房菜，店的老板Bonnie曾经留学法国，在世界知名的厨艺学府学艺。学成之后，她决定自立门户，在西贡白沙湾开餐厅，主打传统法国风味。餐厅布置别致又漂亮，还用闲置的地方种了一些香草。

当然，用料新鲜，不假手于人，是私房菜的一大特色，这家餐厅确实做得到。Bonnie选了百里香和扁意大利番荽（parseley）做菜，香港人的确很幸福，这些香料都可在香港买到，不用自己种。

做私房菜要计算成本，如果要买一些贵的材料，须先跟客人说明。当然，也有些客人并不介意价钱。

我和Amanda S.试了自制鹅肝酱，我们都很喜欢，齐声说好。我来介绍这个鹅肝酱的做法，鹅肝买回来后，用鲜奶泡一晚，然后仔细地把皮削掉及挑走血筋，这个步骤很重要，否则鹅肝就不好吃了。之后加白兰地、甜酒、糖和黑胡椒腌一晚，最后用陶罐或茶盅来盛载。

Bonnie又做了油鸭腿豆沙锅，她特地为我们选了肥美的油鸭腿，由法国运来的。做的时候，把最肥美的地方剪去。加橙皮、八角、丁香、百里香、月桂叶、大蒜搓一下，就可以拿去煎。另外鸭的肥膏煎出来的油用来泡鸭腿，把鸭腿放进焗炉烤。这有别于中国人的做法，中国人的腊鸭腿是用晒的方法。接着煮白豆、烟肉和肠，煮开后，盖上锅盖，放进焗炉。

我们印象中总以为法国菜既小巧又精致，其实那只在巴黎常见。如果去乡下的地方就像这样一大锅地吃。

虽然我对热的甜品有点抗拒，但Bonnie做的火焰香橙班戟还吃得下，是传统的法国甜品。先放些牛油和糖，再加一些橙皮，把橙汁及事先弄好的薄饼放下去煮，加些酒香。

法国人很喜欢做甜品。吃完饭不吃甜品，好像还没吃饱一样。

Chez Les Copains
地址：西贡白沙湾117号地下
电话：00852 22431918

【金门庄】

今天我和Amanda S.、宇诗来到了海味街，以前，不少厨房老大哥都会集中在海味街附近，做菜给人吃，加上这里买东西较为方便，应有尽有。

海味街附近的金门庄一晚只做三桌的菜。人称娥姐的黎惠娥，出身中式筵席世家，受到爸爸的熏陶，娥姐对烹调传统粤菜有一套心得，她希望可以把传统延续下去。

她为我们做了豉椒炒七日鲜，这是古老的菜。很多人都没见过七日鲜，其实七日鲜是一种难得的比目鱼，它的肉跟其他鱼不同。娥姐特地叫市场的人找来的，一般的做法是蒸，而今天则用了炒的方法。先把鱼肉横着切出，一条大鱼只能切出几片肉来，然后放一点豆粉和盐，再加胡椒粉搅匀。把鱼肉放滚油中爆香，放上红椒、青椒、黄椒，炒至鱼肉卷起捞起备用，用爆香蒜头、豆豉等，加芡回锅再炒，即大功告成。

看娥姐炒菜，真是一种享受，看出她用心地去煮出快靓正的菜，非常精彩。

龙川凤翼也是一道古老的菜，鸡翼预先用汤泡熟，加点调味，然后在曲折处切一刀，刀口要宽一点，方便把骨头按出来。接着放进冬笋、金华火腿。金华火腿要选最好的，才能做出好的东西来，酿好后再蒸。

桂花炒素翅则是一道花工夫的菜式，素翅是假的鱼翅，用蛋白质做成的。做法是在搅好的鸡蛋里放一点盐，先加螃蟹肉，再加素翅，拌匀后放进锅里炒，加些酱油就可以了。这是一道很简单的菜，吃到螃蟹肉的甜，鸡蛋的香，配以银芽则非常爽口。这道菜比所有餐厅的真鱼翅都好吃。

这里的甜品是手磨红豆沙，把红豆焗软了，放在筲箕上慢慢刮。除了加20年的旧陈皮外，还要加一块约7年的陈皮，因为旧陈皮味道较香醇，新的则可以引发红豆的豆香。

金门庄
地址：上环德辅道西25号德辅大厦3字楼01室
电话：00852 25432202

【桃花源小厨】

桃花源小厨是黎有甜主理的，大厨黎有甜曾跟过江太史的家厨李才学师。李师傅曾在大银行的俱乐部做过很多年，遇过一些很刁钻的老板，他的菜也属于私房菜的一派，后来自立门户，开了这家店，此店还被米芝莲评级为"一星食府"。

店里做得最出色的是玻璃虾球，把1斤大约有3只的虾切掉外皮，要切得干干净净，一点红的也没有。这个步骤很讲究刀工，煮时不需加任何调味，保持原汁原味，吃起来非常爽口。

另一道做得很精彩的是冬瓜蟹钳，师傅把螃蟹脚上三节的肉都完整地剥好，厨艺了得，令人佩服。

除此之外，排骨米粉、七彩炒猪肚尖、凉瓜炒鸡蛋都做得很好，这些是家常菜。黎师傅说不用把每道菜都做得那么精致，希望给客人一种在家吃饭的感觉。我们吃得满意又满足。

我总怕好吃的菜会失传，李师傅有两个儿子继承父业，我也感到很安慰。

桃花源小厨
地址：上环苏杭街93号地下
电话：00852 25435919

澳门地道美食

一般人以为澳门菜就是葡萄牙菜，其实大有分别。澳门菜是吸收了葡国菜的做法，加上中国人的口味变化而来的。

蔡澜

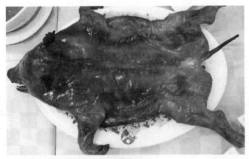

【澳门退休、退役及领抚恤金人士协会】

来澳门拍摄，不去大三巴好像说不过去，但我向监制Markar说："这太过单调了，不如请澳门小姐一齐参加。"

女主持苏玉华、Amanda S. 和黄宇诗都赞成。

"人多了才好玩。"她们说。

主办了那么多届，今年的才算正式，来了冠军的吕蓉茵、季军的伍家怡和友谊小姐陈小玉。

吕蓉茵一直有加入旅游业的志向，她为人亲切和蔼，是干这一行的料。季军伍家怡在竞选时排"七"号，和名字最巧合了。"伍"字和"五"字发音一样，中间的"家"字和"加"相同，最后的"怡"字，广东话念成"二"。五加二，刚好是"七"。友谊小姐陈小玉是舞蹈员出身，中国古典舞跳得非常好。

"想带我们去哪一家餐厅吃东西？"她们问。

我说："有没有去过澳门退休人士协会，吃土生土长的澳门菜？"

大家都摇头。

像葡国最著名的老乳猪，澳门的不只是烧烤那么简单，是在乳猪下面加了饭，饭是用乳猪肉碎和蔬菜加白饭炒个半生熟，再把乳猪放在上面焗出来。乳猪滴下来的油混入饭中，那种美妙的滋味是其他饭难找的，在烹调技巧上不逊西班牙的海鲜饭Paella。

乳猪饭上桌，大家吃得津津有味。三位香港的女主持没吃过，澳门小姐更说这是她们吃过的最好的一餐。再下来的是咸鱼、猪肉和虾酱一块焖出来的澳门菜，不必亲自试，单单听食材的配合，已知非常惹味。

大白焓就受葡国菜影响极深，用猪皮、肉肠、血肠和大量椰菜煮出来。不同的是澳门做法没那么咸，菜汁可当汤喝，而肉类和蔬菜嫌淡时，可就点虾酱吃。

澳门人的虾酱是经过发酵的，源自非洲的葡萄牙前殖民地，在开普敦有马来村，也许是马来人把这种吃法带到马六甲，娘惹菜中也有虾酱咸鱼猪肉这道菜。

我们还吃了马介休球、烩牛面珠登、烩鸡饭、肉批、角仔、山椒牛肉、烧肠、咖喱毛茄虾和石凿，甜品有香橙蛋糕、无花果大菜糕和经典的米糠布甸。

地道的澳门食肆，还有"兆记"的粥，是用木柴慢火煮出来的，"六记"的锦卤云吞、"祥记"的虾子捞面、"杏园春"的椰汁雪糕红豆西米凉粉甜品、"细"的炒河粉、"李康记"的豆花、"六棉"的酿青椒等等，也没忘记我最爱去的营地街街市熟食档中的各种美食，和档主们都成了好友，像回到家里吃饭。

澳门一面已经繁华奢侈，另一面还是那么老旧，那么有人情味，虽说物价已经高涨，但我们去的地方最多贵个一两块钱。游客们赌完回去，澳门平民的日子，还是照样要过下去。这句话听起来甚无奈，但澳门老百姓自得其乐，还是值得欢慰的。

澳门退休、退役及领抚恤金人士协会
地址：澳门士多乌拜斯大马路49号B地下华仁中心
电话：00853 28524325

【兆记】

在澳门，要吃到好东西也许不用花多少钱，却要懂得到处找。就像这家小巷粥店，主打是新鲜猪杂、粉肠、猪心、猪肝、猪天梯，什么猪内脏都有。想吃的话，记得早点来，这里早上11点钟就收铺了。

兆记是在港澳两地仅存用木柴熬粥的店子，老板从工地里捡些木头回来煮粥，用慢火熬4～5个小时，粥就会很绵软。

这里的粥，用料随你叫的，你要什么，就跟老板说就是了，或者交给老板发办。我不会告诉你用柴与煤气或电煮出来的粥的区别，但只要你一试就可以分辨出来。这种用最原始的方法煮的粥，就能煮出最原始的味道。

广东粥跟台湾粥、潮州粥很不一样，它煮得很绵，滑得像棉花一样。这家铺的老板每天一早到菜市场买最好的内脏，材料是最新鲜的。猪杂和鱼露非常配合，鱼跟羊肉就配成一个"鲜"字。

小巷都快消失，小巷里的美食也快消失了，趁美食还在，我们要好好珍惜，多吃一点吧。

兆记
地址：澳门草堆街盐埠围14号

【颐德行】

颐德行是以豆腐花出名的老字号。店主李松启，现年74岁，上一代就开始经营，自家的豆腐花滑如丝，驰名海内外。

李先生说他10多岁就开始帮忙舀豆腐花了，至今已经有60多年了。

Amanda S.不明白为什么要舀那么薄。如果舀得厚的话，豆腐花会变成一块块的，而不是一层一层的。这里的豆腐花比任何地方的都要好吃。如果香港最好吃的那家是香港第一，这家就是世界第一了。真是好好吃！你试过后，也不会反对的。

李先生说每天由半夜11点开工，直至早上6点才做好。店很小，大部分作为工场。老板李先生说做豆腐花没什么秘诀，豆用得多，浆够浓就是。但切记卖剩必倒，从不留过夜。

冰箱中一碗碗的都是豆腐花，一下子卖完，哪还有留得过夜的？

颐德行
地址：澳门新埗头街19号D地下
电话：00853 28920598

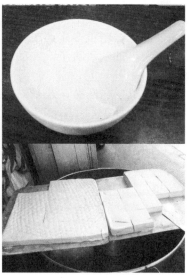

【祥记面家】

澳门这家历史悠久的老字号，在后起之秀中突围而出，而且屹立不倒，相信是一份执著和坚持，令它依然历久弥新。

这是我吃过最好的虾子捞面，虾子有很多很多，绝不吝啬。我每次来都吃这个虾子捞面，也吃不腻。最好的是仍然保留加入猪油去捞面的传统，我最喜欢。

我来到澳门，什么都可以不吃，就是这个不能不吃。我回去后，又介绍又写文章，结果跟这家店的老板娘刘太成了好朋友，这已是20年前的事了。

这家的面仍是坚持手工制作做竹升面。竹升面的碱水，分量和浓度都调校得恰到好处，就不会吃到碱水味了。

这里的云吞，用了最新鲜的材料来做，虾和肉的比例配合得刚好，虾有鲜味又弹牙。另外要试的是姜葱灼鱼片，香港人嫌它不卫生，但其实这是最好最原始的食物。全部用热水泡过，非常爽口，拿去炸的话就太浪费了。

祥记面家
地址：澳门福隆新街68号
电话：00853 28574310

【营地街市熟食中心】

香港有九龙城，澳门就有营地街市，一样有很多好东西吃。我们先来一个炒油面，澳门很多东西也贵了，因为多了赌场，可是这个面没有涨价。澳门游客的消费贵了，赌的支出也贵了，但市民的生活指数并没有提高。

我们还吃了一些锅贴、饺子、布拉肠粉、牛腩、牛心蒂、澳门猪扒包和咸鱼肉饼煲仔饭，还有咖喱。这里的咖喱，吃过后总会令你念念不忘。

捞面档的老朋友，在铺子上还贴着我多年前给他们写的文章。这位大哥做的牛腰捞面，把每条面都捞一下，牛腰还是做得没有半点异味。煮出浓浓的汤，面就有味道，当然少不了捞面的灵魂——猪油。香港有哪家店子会这样做？在这里，真是有回家的感觉。

营地街市熟食中心
地址：澳门米糙巷营地街市市政综合大楼

【钜记饼家】

　　来澳门，一定要来"手信街"买手信，这条街很有特色，一扇扇红色的窗户，充满小镇情怀的街道，保留了传统的特色。如果我来发展的话，我就把这条街变成花街。

　　钜记由从前推着车子卖花生糖做到今天的店子，真是不简单。

　　我们去看看最原始花生糖制作过程。把糖浆溶后，放到花生里，花生和糖浆以1：2的比例，搅拌，然后加芝麻或椰丝在上面。入口松化，这是我小时候的味道。

　　吃过花生糖，我们去吃杏仁饼。最传统的杏仁饼是放猪肉的，用古老的模去做，材料有绿豆粉、花生酱、植物油、磨碎的南北杏、肥猪肉和咸蛋黄。先把粉铺一层在模子里，挖开来，把猪肉和蛋黄放在里面。再铺上粉用阴力压一压，太使劲的话杏仁饼就不香了。

钜记饼家
地址：澳门新马路福隆新街70～72号地下
电话：00853 28938102

【六记粥面】

这家粥面店的云吞皮和面是老板亲自做的。我的老朋友李老板被誉为"澳门面王"，古法竹升面技艺了得，他做的东西都是一流的。

这店的水蟹鸡粥很精彩，为什么澳门的水蟹最好吃呢？因为澳门是在珠江口，这里的水蟹和花甲都很肥美，是澳门的特产。但是，水蟹跟奄仔蟹有什么区别呢？李老板说水蟹只是在转化过程中没有结膏，味道非常鲜甜。

我们又吃了豉椒花甲，真是肥美又惹味。

另一种是锦卤云吞。以前吃锦卤云吞，一定要有个酱，这个最传统的锦卤酱里有猪杂，但香港不会这样做了，失传了。其实锦卤云吞是指在锦卤中加入云吞就叫锦卤云吞，是将云吞炸了再蘸这个酱。做法最传统、最与众不同，其他店是学不到的，实在一流。

我们还吃了米通鲮鱼球，蘸些蚬蚧酱，这两样东西配合得很好。我不论吃得有多饱，最后一定要吃我最喜欢的鸡脚，一放进嘴里，骨头就从口里掉出来。这样好吃又怎可错过？

六记粥面
地址：澳门新马路沙梨头仁慕巷1号D地下
电话：00853 28559627

【百利来超级市场】

吃完澳门菜，我们去逛逛葡国食材铺，这家超市有很多葡萄牙进口的食品，当然少不了我最爱的酒。

在澳门，百利来的酒种类和存量也是数一数二的，以前所有的葡萄牙酒也会寄到这里来，再转运到内地及其他东南亚国家。

葡萄牙的餐酒比法国的便宜，高级的葡萄牙红酒1000多元就有交易，而另一种出名的葡萄牙酒就是砵酒。我们试过那支获奖的砵酒，苏玉华说砵酒比红酒好喝，但我说不能这样比较的，就好像说苏州女子比韩国女子好看一样，大家的气质有所不同，各有各的味道，不能相提并论。

好的甜酒，多喝也不怕，但有些甜酒太甜，喝多了会让你胸闷，坏的甜酒就是这样的了。

百利来超级市场
地址：澳门南湾大马路417～425号地库
电话：00853 28333636

【安德鲁饼店】

　　来到澳门，大家会想起什么？就是葡挞了。安德鲁的葡挞，澳门人一定认识。

　　店主Eileen Stow是澳门葡挞始祖安德鲁的胞妹，她的哥哥安德鲁，在20世纪80年代将葡挞引入澳门，Eileen继承胞兄创办的饼店，努力保持葡挞的水准，将葡挞也变成澳门的特产。

　　其实葡挞源自里斯本的贝林，本来是一家修道院制作的食物，后来却变成了国食。

　　葡挞的酥皮很考功夫，先在搓好的面团内夹一层牛油，然后放在冰箱里过一夜。翌日，把有牛油的面团用机器反复夹薄，就形成了两层皮一层牛油的基本面团，再把基本面团折叠3次就形成了27层的酥皮，再圈成条状，以保鲜纸包好，放进冰箱冷藏。

　　冷藏过后，师傅会把面条分切，把有轮纹的一面向上，放在饼模里做挞皮。挞皮做好后，把调校好的蛋浆注入，最后放到炉子焗大概20分钟，香喷喷的葡挞就大功告成了。

　　Elieen只会筛选最好、最完美的葡挞来卖，其他不太完美的都会被她抽走，态度非常严谨。

　　何为完美的葡挞？酥皮很均匀，蛋不会漏出来，上面有一点点焦，外表非常松脆，香甜蛋浆又滑又软，这就是完美了。

安德鲁饼店
地址：澳门路环市中心挞沙街1号地下
电话：00853 28882534

【美的雪糕】

从餐厅走出来，看见一辆手推的雪糕车，大字写着"澳门土产，美的雪糕"。

还有这种行业吗？我想。很久没到妈祖庙上香，顺道前往，又在广场中看见另一辆雪糕车，一模一样，也是写"美的雪糕"几个大字。

"澳门到底有多少这种车子？"我问推车的小贩。

"两辆罢了。"他回答，"另一辆是我的哥哥卖的。从我父亲一代做起，他们也是两兄弟，用两辆车做买卖，这些车都是父叔们传下来的。"

"保留得像新的一样。"我惊讶。

"是呀，当年的手工好，现在已没人会做了。"

雪糕车用不锈钢皮包着，打开上面的盖，分两格，一格藏个圆桶，里面装满雪糕，是芋头和云呢拿味道混合的，另一格中放许多雪条。

"雪条是别人做的，从批发商买来卖，雪糕在家自己做，每天两桶，一架车一桶，每天卖清光，每天制造。"

"雪糕车是用货车运来的吗？"我问。

"不。手推来的。"

"那不是很辛苦？"

"我们兄弟都住得很近，在家做雪糕推来没有问题，但是我们的子女说这种事他们才不干呢。"

一个内地女游客来买，小贩拿出一个小饼筒，挖出一粒乒乓球那么大的雪糕，填进去。

"5块钱。"小贩说。

"那么贵！"女游客惊叫。

"去到欧洲，这种手制雪糕，一个最少卖你20块呢。"我插嘴。

小贩听了笑得很开心，我也开心。

美的雪糕
地址：澳门妈阁庙前

【六棉酒家】

　　位于氹仔的六棉酒家，是我的最爱，这里的招牌菜就是招牌瓦罉鸡煲鲍翅，一整排翅，精心挑选过，分量足，火候够，价钱便宜，我们都吃得津津有味。

　　我们还试了清蒸方利，这种鱼很名贵，活在咸淡水之间，很有鱼味，尤其是澳门出产的最好。

　　其实澳门有三种特产，一是方利，二是奄仔，三是乌鱼。

　　奄仔，一般蒸也可以，不过我们吃这个凉瓜炆奄仔蟹，凉瓜吸收了蟹的味道，其味无穷，非常精彩。

　　说到乌鱼，澳门做得最好，油泡就最惹味。这里的菜，就算是普普通通的蒸肉片，以虾干、榄角来蒸，也做得很好吃。

　　这里的肉丸和小白菜煮的汤香甜美味，充满家乡的感觉。另一种是酿青椒，每家每户都会做，但这家餐厅可说是全世界做得最好的，不容错过。

六棉酒家
地址：氹仔杭州街60号海怡花园第3座
电话：00853 28833333

【杏香园】

不论我们吃得多饱，也要留一点肚子吃甜品。

来澳门，一定要来杏香园这家甜品老字号。杏香园在1965年开业，以生磨杏仁露起家，以真材实料著称，生磨的材料制作的糖水如杏仁茶、核桃露等最受欢迎。

我当然叫我最爱的雪糕红豆凉粉西米露，里面有椰子雪糕、椰子汁、红豆、凉粉、西米，真材实料，不惜工本，一直保持水准。

每天早上，店里的几位太太总会用锤子，在大大粒的银杏上捶捶捶，我看见一家人在干活，真是很高兴。

这里的蛋白椰汁马蹄沙，里面有马蹄粒、蛋白和椰汁，即叫即制，仍旧用老石磨去磨，在别家吃不到的，非常特别。

现代的人讲究健康，又怕甜，人家很早就懂这个道理了，这里的糖水不是很甜，可以多吃一点。

吃到最后，我们可以买些粽子做手信，粽子是这家人的招牌食物，出名的料多。以传统方法炮制，香港人很多人买它当手信。

粽子每只1斤多重，巨大无比，双黄、4粒干跳柱，加入火腿和肥猪肉，非常足料，吃了会上瘾。

杏香园
地址：澳门清平直街13号
电话：00853 28572701

澳门豪华名菜

就算给你全世界的钱，你也要懂得花才算豪华。有些人就算给他很多钱他也不懂得去花。很多人教别人怎么挣钱，我却教人家怎么花钱。

蔡澜

【金殿堂】

我们到澳门去拍电视饮食节目，一共两集，监制Markar问我："那么多菜，要怎么分法？"

"澳门有外资赌场后，变化极大。不如这样吧，第一集拍所有豪华奢侈的，第二期回归平淡，是从前澳门留给我的印象。"

监制没有意见，随我胡来，但为我安排好一切，这个节目少了他，就没拍得那么顺利了。

老友周中师傅给美高梅请去，在新酒店中创办金殿堂餐厅，非捧场不可。他为我们准备了5个菜，埋单盛惠13000元。

"万寿果"是周中独创名菜，出现在30多年前的凯悦酒店中餐厅。万寿果就是木瓜，构思出自冬瓜盅，他将之改为夏威夷木瓜，里面炖的材料和冬瓜盅一样，不过已变成一人一份。最初功夫多，卖不起价钱，我建议加上海胆，他照做，结果大受外国客人欢迎，因为他们都不习惯和别人分来吃。从此香港卷起一阵热潮，中餐成为可以一人一份像西餐那么上，我并不赞同这种吃法，但外国友人喜欢，我也没话说。

当今这道菜，名字是"云丹海虎翅万寿果"，加入粗大的翅、海胆、松茸等，都是贵货。

"吊烧鹅肝金钱鸡"依古法炮制，本来的金钱鸡是一片鸡肝、一片叉烧夹一片肥猪肉，豪华版不用肥猪肉了，有钱人都怕胖嘛，就改了一片法国鹅肝和一片鲍鱼菇，叉烧则照旧。

"黑松露油泡龙腴球"的主角当然是龙腴，起了肉，将鱼骨整片炸脆来伴碟，龙腴和黑松露一起炒完上碟，其实骨头比肉更好吃。

"乌鱼子芦笋炒龙虾球"的龙虾也是全只上，但只剩下壳当装饰，肉则和台湾的乌鱼子夹吃。

"葱爆松茸鸡枞菌和牛"顾名思义，是用日本牛肉来炒四川的鸡枞菌。

最后的"官燕珊瑚柴把蔬"，主角是中间的那团燕窝，上面加点鱼子酱。珍贵的反而是配角的"柴把蔬"，将蔬菜削成长条，再用瓢丝捆绑，像捆木柴一样，这是古老菜之一，已没人那么有空去做了。

金殿堂
地址：澳门新口岸美高梅金殿贵宾大堂地下
电话：00853 88022361

【永利轩】

　　每次来澳门的感觉都不同，我今次带着苏玉华、Amanda S.及宇诗来澳门，见识澳门这个"东方拉斯维加斯"的新面貌，豪华一番，节目一开始就安排了名车接载我们，豪吃、豪喝、豪玩，要多豪气有多豪气。

　　我们的澳门豪华美食之旅，便从一家五星级酒店开始，在酒店的中菜馆中，有用9万颗水晶镶嵌而成的水晶龙，气派一流。我们特别试了鹅肝松露长春卷、海胆鸡肉凤眼饺、燕窝赛螃蟹小笼包、黑胡椒龙虾球小煎堆、麻辣和牛锅贴及招牌雪影餐包等的豪华点心。

　　最惊喜的是巨型的超级山东大包，这个比起传统的山东大包还要大，山东大包像一只鞋子，但这个像小火山。这是点心师傅自创，本来是传统的山东大包，现在很多人都讲究健康，于是就创出包中包，大包里面有四个小包。

　　第一种是传统的菜肉山东大包，第二种是用了海虎翅的鱼翅山东包，第三种是鲍鱼山东大包，第四种是辣羊肉山东大包。

　　大包不单好吃，更令我们大开眼界。

永利轩
地址：澳门新口岸外港镇填海区仙德丽街永利澳门酒店地面层
电话：00853 28889966

【盛事餐厅】

盛事餐厅是一家无国界料理餐厅，结合了东南亚、地中海、葡萄牙、日式等料理，最大特色是开放式的厨房，加上岩石、水墙和水族箱的设计，将自然与优美结合布置，令人感觉轻松自在。

餐厅大厨Chad来自三藩市，有多年烹饪经验，曾经在日本工作4年，对亚洲人的喜好相当熟悉，店内除了美国菜，还有厨师专门负责烹调葡国菜式；另外亦有日式及意式菜肴，尽量满足客人的需求。

提到风干火腿，西班牙有出名的风干火腿，原来葡萄牙也有好的黑猪，分为12个月、24个月和36个月，最好的是36个月的。养猪的方法是把猪野外放养，让它们四处跑，只吃橡树的水果。

这里的风干火腿和葡式猪肉肠拼盘，肉质鲜美，带有烟熏果仁的香味，肯定不会令人失望。另外，还有葡萄牙沙乐美肠、葡萄牙风干牛肉等，口感和味道都是一流。

记得我以前去葡萄牙，每天都吃这种风干火腿。吃火腿，当然要配上桑格里厄汽酒，这是完美的组合。

盛事餐厅
地址：澳门新口岸美高梅金殿天幕广场内
电话：00853 88022385

【鱼子屋】

欧美人认为天下最高贵的食物为鱼子酱、黑松露菌和鹅肝酱三种。

鱼子酱那么好吃吗？很多人都只是慕名，试了认为不过尔尔，那是因为没吃到最好的。

而什么是最好的呢？从前俄国产的鱼子酱都不错，但过量捕捉了生产鱼子酱的鲟鱼，近海又污染，加上腌制的技术失传，当今吃到的俄国鱼子酱，都是一味死咸。

天下的鱼子酱只有伊朗产的最好，鱼子酱需要把鲟鱼剖开，剥去膈膜，取出鱼子，即刻下盐腌制后入罐，过程不得超过20分钟。腌制时过咸了就成了废物，不够咸则会腐烂，当今世界上不出10个人懂得把握时间和分量，你说是不是要卖得最贵呢？

伊朗鱼子酱分三种：Beluga用蓝色盒装，Oscietra是黄色盒，Sevruga是红色盒。由不同品种的鲟鱼得来。

其中Beluga的粒子最大，细嚼起来，在口中一粒粒爆开，喷出又香又甜美的味道。尝至此，才了解为什么欧美人会爱上它。

一般吃鱼子酱，都会连铁盖和玻璃罐上桌，分量极少。吃前几分钟才把罐子打开，小心翼翼地用一支匙羹舀起，调羹还要用鲍鱼壳雕塑出来，才算及格。

涂在一小块薄薄的烤面包上，附带的配料有煮熟的蛋白碎、洋葱碎以及不加盐的牛油或酸忌廉。

许多洋人一遇到海鲜就要挤点柠檬汁，对鱼子酱也不例外。这其实是一个错误的吃法，矜贵的伊朗鱼子酱，当然不应被酸性东西抢去味道，吃时不可用柠檬。

也有人吹捧黄色的，称它为"黄金鱼子酱"，其实它只是Oscietra的变种，且鱼子粒小，又无弹性，当然不及Beluga。

次等货不断在市面上出现，德国已有人工养殖的鲟鱼，剖出来的鱼子虽然味道还有点接近，但软绵绵的口感不佳。

日本人更把鲤鱼和鳕鱼的鱼子拿去染成黑色，冒充鲟鱼鱼子酱出售。

最笨的，是丹麦出产的鱼子酱，名副其实地用一种叫笨鱼Lumpfish的鱼子代替。

凡是珍贵的食物，一定要从最好的试起，不然别去吃它，否则会带给你很坏的印象，让你失去追求它们的欲望，切记切记。

鱼子屋
地址：澳门美高梅金殿天幕广场法国小区内
电话：00853 88022374

【The Kitchen】

这家高级扒房位于澳门市中心的一家五星级酒店内，最大的特色是开放式厨房，用明火的烤炉烧牛肉，可以把肉汁锁在肉里面。当烧至外面脆，里面滑，就是最好了。

如果怕生就只吃外皮，每块都试一下，喜欢的话再另外烧一块。如果厨师问你要几成熟，想要软脸的，就说"Very tender"；想要多汁的，就说"Very juice"；想要生一点的，就说"Very bloody"。这样烧法最原汁原味，没有比这种煮法更好吃。

牛肉有时就要让它挂一下，让它氧化，肉会松一点。我们吃T骨牛肉时，一边是所谓的西冷，有脂肪的；另一边是里脊肉，是很瘦的。我不喜欢吃瘦的那部分，只喜欢吃多脂肪的部分。

在法国，吃牛排时，会淋很多汁，我觉得都是多余的，牛本身肉质好就好，坏就坏，不需蘸汁吃，最原始的就是最好的。

The Kitchen
地址：澳门新口岸南湾区交界葡京路2～4号新葡京酒店3楼

【Robuchon a Galera】

　　说到高级，我们当然不会忘记澳门最早的高级法国餐厅"Robuchon a Galera"，数到奢侈豪华，它仍旧保持那么高的水准。

　　它是澳门第一家引进法国三星大厨的餐厅，法国人很喜欢的一个说法，"Amuse Bouche"，"Amuse"就是令你高兴， Bouche指的是嘴巴，全句就是"令你的嘴巴很高兴！"

　　先试"法式欢迎小点"，里面有一个果冻，这个果冻是用西班牙的桑格里厄汽酒加红酒、白兰地、水果，上面铺上碎块的水果和果酱，非常开胃。

　　"脆炸软滑鸡蛋配鱼子酱及三文鱼"，上面有鱼子酱，下面是煎蛋，小巧又精致，最下面就是脆皮，非常精彩。

　　法国南部很流行海鲜汤，所谓马赛鱼汤（Bouillabaisse），只有马赛这地方可以这样叫，其他的都叫鱼汤(Soup de poisson)，就像这个"法式龙虾配海鲜红花上汤"了。因为马赛当地有很多杂鱼，如果少了一两样的话，汤的味道就不一样了。

　　之后有四道主菜，一是"法式煎牛仔柳"，牛仔肉没有大牛般味重，因为小牛未吃草之前，肉未变色，是白肉，一吃了草后，肉就变成红色了；二是"盐焗鹅肝鸭胸伴时果"，将鹅肝酿在鸭肉里面；三是"香煎鹿儿岛牛西冷配杂菜千层"，用和牛做的；四是"嫩羊排拼香草沙律配薯蓉"，如果一家餐厅，能够把羊肉煮得软腍的话，煮其他肉都一定好吃。

Robuchon a Galera
地址：澳门葡京路2～4号葡京酒店第4期3楼
电话：00853 28883888

【帝雅廷】

澳门有出名的意大利菜，这家便是其中之一。主理师傅为我们做了西西里红虾海胆龙虾汁意大利饭，先把红虾和海虾肉煎一下备用，放一点红葱头、洋葱头、干葱和意大利米，加上龙虾的汤底一起煮，加入海胆和牛油果，还有新鲜的海胆，把煎好的虾肉放进去。把煮好的饭放在海胆壳里面，放一只虾和海胆在饭上，浇上龙虾浓汁，大功告成。大家试过都说好吃。

第二天，我们去吃薄饼和意大利面，还有意大利软芝士松露芝麻菜薄饼，把珍贵的黑松露菌放在薄饼上面，这种吃法真是不多见。我们一边吃一边欣赏音乐喷泉，简直是味觉、视觉和听觉的三种享受，非常过瘾。

帝雅廷
地址：澳门新口岸外港填海区仙德丽街永利澳门酒店1楼
电话：00853 28889966

【永利澳门酒店】

我们住的酒店令人感到很贴心，在浴袍上也绣上我们的名字，让人感到很有亲切感，印象很深。

就算给你全世界的钱，你也要懂得花才算豪华。有些人就算给他很多钱，他也不懂得去花。很多人教别人怎么挣钱，我却教人家怎么花钱。

今天，我们在套房厅中吃早餐，把龙虾、巴马火腿都搬了出来，还有鲍鱼，豪华之至。

首先吃只金蛋，这金蛋是用70℃的水泡5个小时，蛋黄很软，恰到好处。面包下面有一块三文鱼垫底，外面再包一层金箔。旁边的是鱼子酱，如果不够咸，不用加盐，直接把鱼子酱涂上去。

之后由中西两大名厨为我们煮粥，中西合璧，把十头的鲍鱼整个放进粥里，而粥是用蚬汤来煮的，一般来说，我们的早餐是吃龙虾，但吃鲍鱼也不错，香槟当然照旧喝个不停。我觉得应该用两头鲍鱼才对，不过现在已找不到了。

永利澳门酒店
地址：澳门新口岸外港填海区仙德丽街永利澳门酒店
电话：00853 28889966

【南湖明月】

要认识意大利文化，最好从美食入手。

意大利最著名的食材是白松露菌，又被称为"白钻石"。它贵的理由是没有办法种植，只有野生的。2007年，香港的白松露菌拍卖纪录是750克顶级白松露菌成交价格超过140万港元。吃白松露菌的最佳季节就在10月中旬。

一般吃白松露菌是西式食法，我们特别试用中式煮法，先是白松露菜胆炖鱼翅，整个拿去炖，可惜给鱼翅和鸡汤的味道抢走了。再来白松露焗鸡球和白松露浸娃娃菜，白松露的味道仍可辨别出来。接着是白松露玉带炒蛋白，用蛋就很接近外国人的吃法。最后是白松露龙虾球，也可一试。

Amanda S.做梦也想有人把白松露菌不断刨进她的口中，我就让她梦想成真，要实现这个梦想也不算困难，她高兴不已。

我一直在想，不如直接把白松露菌切开四边来吃，不知道这样搞，意大利人会不会大骂。不过说做就做，把白松露菌当月饼切开，我们四人每人一件，这样豪华的食法，意大利人看了也会尖叫，最原汁原味的吃法，又香又好味。

人生在世，有机会试的事情也应去试一下，没关系的，给人骂也不要紧。

南湖明月
地址：澳门旅游塔会展娱乐中心4楼
电话：00853 28933339

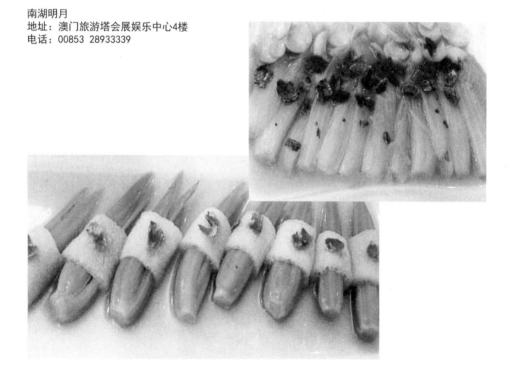

跋

名菜问答

饮食节目出街后，有很多记者来做访问，外国来的也不少，他们的问题综合如下。

问："在《叹名菜》电视节目里，所有香港的餐厅都给你吃尽了，哪一家最好？"

答："你开玩笑了。香港的餐厅那么多，旧的关了，新的又开，再做一百个节目，也去不完。"

问："到底是哪一家最好嘛？"

答："这像在问哪一个女人你最喜欢？那么多，怎么选？不如有多少要多少。"

问："中菜好，还是西菜好？"

答："今天吃中菜，明天吃西菜。"

问："是怎么一个好吃法，请你形容一下味道。"

答："只有比较，没有文字形容。我给你三家做云吞面的店，你一家家去试，比较一下，选你最喜欢的。怎么一个好吃法？你吃下肚子就明白，不必告诉别人。"

问："好吃有什么定义？"

答："我的一个好友，他的口头禅有一句：这家人做的菜很老实；或者：这家人做菜很假。只要对做菜的态度老老实实，东西不会差到哪里去。"

问："价钱呢？"

答："香港人是天下最勤力工作的人，赚的钱也肯拼命花，才有那么多好餐厅出现。"

问："好餐厅不嫌贵吗？"

答："只要食物保持水准，物有所值，再贵也有人去吃。但是，一失水准，顾客就会说花那么多钱，一定要最好的，你们做得差了，准备执笠（粤语词汇，意为'倒闭'）吧！"

问："为什么那么贵？"

答："食材贵了，售价当然贵。还有，最致命的，是铺租全世界最贵。"

问："那么贵，普通食肆能生存吗？"

答："最贵的餐厅有人去，最便宜的也有人去；走中间路线，死定。"

问："有没有人统计过，做哪一种菜最容易倒闭？"

答："有。靠厨子的西餐厅，执笠的例子最多。师傅一走，就完蛋了。

日本菜也难做，客人一吃出毛病，也没得救。韩国餐厅最能生存，食材不贵，做的烤肉又不假人手。糖水店也好做，由小发到大，利润很高。但是做什么都一样的，一好赚，竞争就多，非做得标青不可。"

问："在香港开餐厅，厨子是不是最重要的？"

答："厨子重要，但老板也重要，前者多数是工具，后者才是脑。有一点需要特别注意，那就是开餐厅很黐身，老板一定要留在店里，一走开，毛病就出来了。"

问："什么毛病？"

答："收银的职员穿柜桶呀。"

问："什么叫穿柜桶？"

答："收到的钱袋进自己的口袋里。"

问："还有呢？"

答："进货时职员拿回扣啊！师傅把材料拿去卖呀！偷工减料呀！楼面的招待员服务态度不佳呀！全体职员被人高薪挖走呀！问题说不完的，这不止在香港，世界上所有开餐厅的人，都面临。"

问："目前开的最多的食肆是哪一种？"

答："茶餐厅，一条路上有时会有好几家。"

问："为什么那么多？"

答："政府不发小贩牌后，就要租店铺来开了。"

问："卖的东西都一样，怎么生存？"

答："所以说开餐厅和拍电影一样，要有个明星，食肆也要有招牌菜，只要有一样做得比别人好，一定出众，一定有顾客支持。"

问："你是不是对新派的Fusion菜有歧视？"

答："我只是歧视做得不好。歧视那些'很假'的菜。新派菜的毛病出在厨子的基础没有打好，就靠所谓的创新来骗客人。基础打得好的话，怎么变也会变出好吃的东西来。"

问："你是不是歧视所谓的健康食物？"

答："所有的健康菜做得并不好吃。好吃的话，我怎会抛弃健康呢？所谓不健康的，像猪油那一类，当然比用植物油烧出来的菜香，但不是天天吃，又有什么打紧？"

问："你会不会承认自己是一个很顽固的食家？"

答："顽固很好呀！许多海外华侨就是因为顽固，所以做的菜到现在还是那么有水准。人老了多顽固，他们的顽固，是因为已经试过很多坏的，不必浪费时间去和你争论什么是好的。"

问："你吃最后一餐，会到哪一家餐厅去吃？"

答："不去餐厅了，自己在家里做。"

问："做些什么？"

答："豆芽炒豆卜。"

附录

重现《食经》菜谱

菜名	做法
干焙大豆芽	将大豆芽截尾,在锅内焙至极干,切生姜、葱白,和面豉在油锅爆过,下大豆芽同炒即成。虽是廉宜的菜,但吃来甘香可口。
肉心蛋	蛋尖扎小孔,取出蛋白。用筷子伸入蛋,搅烂蛋黄,亦取出。瘦肉三分二,剁成糜;肥肉三分一,切为小粒。加姜汁、盐、酒拌匀,缓缓倒入蛋壳中,至半,再倒蛋白,才用白纸将孔封固,蒸至熟。吃时开壳,点麻油、生抽。
酿虾蛋	鸡蛋蒸熟,破之为二,取出蛋黄,加鱿鱼、鲜虾、冬菇、葱白剁成蓉,搅之至够匀,酿进蛋黄空位,炸至金黄。
蒸猪膶	用姜汁、生油、生抽、酒将猪膶腌过,加金针菜和云耳蒸熟即成,但猪膶不经腌制的话,则不滑。
锅底烧肉	有皮猪腩肉1斤切成方形,抹以酱油和蜜糖备用。铁锅中盛白米2斤,猛火煮沸。用锅铲将饭拨开,放入腩肉,皮向下,以汤碗封住,再把白米铺上,随即上锅盖。慢火焗至白饭熟透,而猪肉同时烧熟。味甘香鲜美,一如烧肉。
酿荷兰豆	把鲜虾、半肥瘦猪肉、冬菇和虾米剁碎,打至胶状,酿入荷兰豆荚,煎熟即成。
猪杂烩海参	海参浸透备用。猪粉肠、猪心等切件先烩,海参后下。上碟前,用细竹串好切成薄片的猪膶,油泡仅熟,再与其他配料同炒,即成。要是猪膶不另外处理,则会太硬。
煮虾脑	说是虾脑,不过是虾汁。剪下虾头,用刀背拍至扁碎,以布包之。用力将虾汁绞出,加冬笋和火腿片生炒。盐、酒、胡椒少许,煮滚即成,吃时虽不见虾脑,却有鲜浓的虾味。
合浦还珠	活虾去壳,刀开薄片,包核桃仁一粒,肥猪肉一粒,卷至珠状,蘸蛋白和生粉,炸至金黄。
蟹肉焗金瓜	蒸熟肉蟹去壳取肉。金瓜去皮,切成方块。加鸡蛋和调味,放入焗锅里焗熟即成。

番薯扣大鳝	番薯去皮切成骨牌形，蘸上炸浆，炸透备用。鳝肉用网油包住，另把大量的蒜头炸香。起红锅，稍爆豆豉，然后放入鳝肉，加水扣之。上碟前先以番薯垫底，吃鳝后，再吃吸收了鳝汁的番薯。
酥鲫鱼	这道菜主要是教人怎么"酥"。先用橄榄多枚，去核舂烂，用橄榄的渣滓同汁把鲫鱼腌过。然后将已滚的油锅移离灶口，放鲫鱼进去，等滚油把鱼泡熟，以碟盛之。待鲫鱼完全没有热气后，又用油锅慢火将鲫鱼炸透，它的硬骨就会变酥。酥的秘密在用橄榄汁腌过，炸两次的作用是避免将鱼炸至焦黑。
梅菜酿鲤鱼	鲤鱼刳净，辣椒切丝，梅菜心切粒，用油锅炒过，加少许糖和盐，然后将梅菜酿入鱼肚里。起红锅，爆椒丝，再下豆瓣酱，稍兜过，加水烧至滚，最后放入已酿好梅菜的鲤鱼，炆两小时。
黄酒鲤鱼炖糯米饭	用一斤重的公鲤、糯米一斤、黄酒一斤。鲤鱼刳净，不去鳞。洗糯米，以炖器盛之，加入鲤鱼和黄酒，隔水炖至饭熟即成，吃时淋上酱油和猪油。
什锦酿蛋黄	蛋一定要用鸭蛋，鸭蛋黄的皮厚，可酿；鸡蛋蛋黄皮薄，不能用。用尖器在鸭蛋黄上开一个胡椒粒般大的小孔，将剁碎的半肥瘦猪肉、马蹄、虾仁、香芹和冬笋炒熟后酿入。鸭蛋黄皮有伸缩性，可酿到苹果一样大，这时再放蛋白，煎至熟为止。
通心丸	一颗肉丸子，里面是空的，以为一定很难做，讲破了就没什么。原来是把猪油放入冰箱里冻硬，包以猪梅肉、虾米、葱白剁成的肉糜。放进汤中煮熟，猪油溶在丸中，就是通心丸了。
姜花肉丸汤	上面那道通心丸子，滚了汤，加入姜花，即成。很多人不知道姜花煮起来又香又好吃的。
炒直虾仁、弯豆角	虾仁炒起来是弯的，豆角是直的，怎么相反？原来是把那条豆角无筋的那一边，用薄刀每隔一分切上一刀。每一条切七八十刀，炒起来就曲了，虾仁用牙签串起来，炒后还是直的，再把牙签拔掉就是。这道菜好玩多过好吃。

附 录

食具篇

【德昌森记蒸笼】

我们又到西街边的"德昌森记蒸笼"老店，掌舵的林先生，已是第五代传人。

"最初是从广州做起的。"他说，"到现在，还是用手做。"

将制作过程拍下，我问："怎么和人工便宜的大路货竞争？"

"当今多数是在福建做的，但是每只笼，三四个月已经坏了，我们的可以用上十个月，有时一年。"他说，"东西好，就有顾客。"

好个"东西好，就有顾客"，真是金石良言！蒸笼这件厨具好用得很，配合我们的中国铁镬。铁镬凹了进去，中间加水，再把蒸笼放入，上盖，就那么方便地把食物蒸得原汁原味。

蒸笼也有浅的和深的之分，后者可放一只鸡进去，抹上盐，猛火蒸个15分钟，就是一味上等的菜。

也有两只手才能捧起的大蒸笼，像从前茶楼点心妹叫卖的那种，笼中摆一碟碟的点心，不用小笼装住，当今的有从4粒烧卖到一笼一粒的蒸笼，如果换上一个铁制的，在感觉上味道就没那么好了。

张大千曾经做过一道菜，把猪肝灼熟后，磨成糊浆，装入碟中，再用蒸笼蒸出来。张大千教了一位女士，但她怎么做，猪肝上面还是有水滴，这是蒸笼的盖吸了水分后成为倒聚水造成，非常懊恼，问老师怎么解决？

"那简单，"张大千说，"只用在蒸笼盖上塞一块布就行。"

还有一个蒸笼的故事，在一篇台湾的短篇小说中，内容悲哀得很，话说一位美国留学生衣锦荣归，父母和亲友都为他宴客庆祝，饭后他到处找蒸笼，原来是骗人说在美国当教授，开的只是一家中华料理。几十年前看的，记忆犹新。

第六代的林家弟子也是留学归来，我问他："会不会成为传人？"

此君摇摇头。看样子，手制蒸笼还是会有人做下去，当成中国餐厅墙上的装饰摆了。

德昌森记蒸笼
地址：香港西边街12号地下
电话：00852 25488201

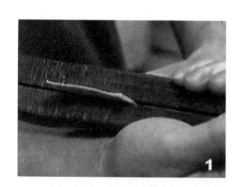

造蒸笼的过程

蒸笼的制作是首先将一些竹皮平均地清除，然后用夹子将竹子夹平，将之扭成一个蒸笼的外圈，内笼上下圈以竹杠，可使外圈逼得较平均，再用同样的材料做一个内圈。接着是要用竹子做蒸笼的底部，以一条一条的竹条距离平均地排列在底部，再以竹皮编织底部，这种编织底部的方法是非常传统的。但是现在有的人已转为用一块竹板做底，其实各有千秋。之后会用竹制的竹钉将围边钉紧，一个蒸笼就大功告成了。

【陈枝记老刀庄】

工欲善其事，必先利其器。每个厨房都应有好刀坐镇。刀有很多不同的种类，而用途也很不一样。今次到访陈枝记老刀庄，陈富钊先生为我们展示了不同的刀具。

相传中国人家里都有文武刀，文刀是很薄的刀，用以切菜；武刀则较厚，用以切肉斩骨，两样加起来合称"文武刀"，不过现代人一般都一把两用，没再细分了。

面刀：十分巨大，约一只手臂的长度，用来切面、云吞皮等。不过现在的店铺大多已改用机器来切了。

劈刀：用来将东西劈成两份或几份，一般把猪宰后置地上，就用此刀来劈猪头。

猪肉刀：刀身与家用的刀相似，但头部呈圆状，方便切割，刀身较厚且锋利，可以用来斩骨，在街市买猪肉都可见。

劏牛刀：顾名思义是用以劏宰牛只，由于牛只较猪只大，所以劏牛刀自然也较长，重量也不轻，设有手柄，以刀的前部来宰劈牛只。

人工制刀的工艺，在香港早已绝迹，一把耐用锋利的刀是用钢和铁结合做出来的，合成之后，刀匠将钢铁敲打成所需的刀款形状，经过修整再用槌子打出刀柄。一把好刀，刀体必须要平而直，要做到平直的效果，就得靠刀匠的经验了。

打磨以后原是黑色的一把刀，变得平滑又有光泽，之后放入烧炉里处理，烧过之后放入水中。此步骤称"见水"，因为刀柄要硬，在冷水里泡一下，刀才锋利，钢也够硬。经过多次的打磨，刀身就会平滑，装上刀柄就可以开锋了。

陈枝记老刀庄
地址：九龙上海街316～318号地下

【万记砧板】

　　除了拍摄餐厅，我们还记录一些香港快消亡的食具行业，像铜锅、蒸笼和砧板。砧板为烹调之中不可或缺的，小时候就看到厨房中那块又圆又厚的东西，切了肉类和蔬菜，洗了又用，用了又洗，好像永远用不坏似的，但中间已凹了进去。

　　砧板多数是用松树的干去做，看起来容易，锯成一截截，周围刨圆就是。岂知从搬运、锯开到打磨，是另一个艰难的过程，但价钱很便宜。

　　到上海街的老字号"万记"，我试举一块，重得要命。店里人说："新买砧板，如果是松木的话，记得先用两三匙食盐涂满表面，这一来可以保持色泽和辟除木味，在使用的前几天，要用亲肤水冲湿砧板，再用湿毛巾盖住，这样才不会爆裂。"

　　学问还是蛮大的，他们还说洗刷之后，用粗盐摩擦表面，会有杀菌作用。

　　最硬的还是桄木砧板，老板说："有个客人，用了27年再来我们店里买新的。"

　　我带了日本厨师佐滕一块去选购，主要目的是强调做日本菜的话，砧板一定要干净才行，至于用的是什么材料的呢？

　　"我们爱用松木砧板，寿司师傅觉得松木软，不会伤害刀锋。"他说。

　　"我看过一家店用的，长方形好大的一块，至少有1英尺厚。"我记得。

　　"唔，"他说，"那是上品，一块要好几百万日元，但是可惜不能用了。"

　　"为什么？"

　　"当今日本政府规定一定要用塑胶砧板切鱼生，塑胶的比较不会藏菌。"

　　"用多大的？"

　　"普通尺寸罢了，这才容易清洗。我们通常放进洗碟机面冲洗，一天要换七八块。切刺身非得一尘不染不可，这是最基本的了，连这一点也不懂，没资格做日本菜。"他说。

万记砧板
地址：油麻地上海街342号
电话：00852 23322784

【炳记铜器】

炳记铜器的树才叔和强才叔，这两兄弟已经70多岁，在打造铜器这一行已经有50多年的经验。他们从小跟随父亲打造各式铜器，打得最多最熟练的就是铜的煮食炉具了。

吃火锅一定要有一只"靓锅"，最正宗的锅是用铜造的，因为传热速度快，吃火锅时很方便，而且铜做的锅设计传统，火锅的风味更为独特。以前吃火锅用的锅一般是用锑或铜造的，传热能力高。炉的中间有一个烟囱，可以往里面放炭。现在的店铺不能用炭，说烧炭会烫死人，因此禁止了。禁止后就通通改用煤气或电磁炉等这些新派炉，那种玩味的情调及昔日的情怀再也没有了。

炳记铜器
地址：九龙油麻地咸美顿街1号
电话：00852 23844838